FORBIDDEN PLANET

禁斷惑星

從肉蒲團、漫畫大王、完全自殺手冊到愛雲芬芝……
禁忌的舊時代娛樂讀本

高苦茶 著

禁 断 の 惑 星

危險×情色×禁書

作者個人收藏：臺灣版《蜘蛛人》書影。

豪華版
冒險
漫畫
蜘蛛人第二部
眞假蜘蛛人
眞假蜘蛛人高空決鬥
(全一卷)
1 SPID
スパイダーマン
劇画
池上遼一

《蜘蛛俠》創刊號封面書影。

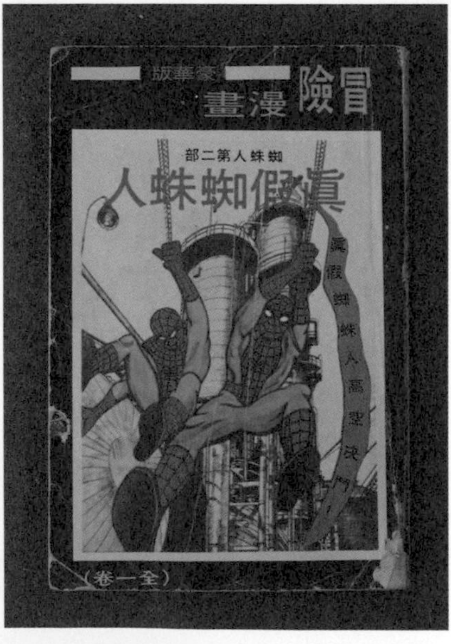

《真假蜘蛛人》封面書影。華仁出版社。

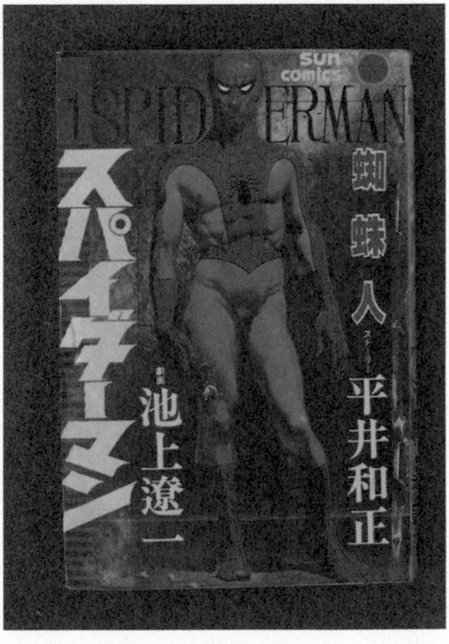

採用日版《蜘蛛人》封面書影。平井和正編劇、池上遼一作畫，裕泰出版社。

漫畫大王版《無敵鐵金剛》書影。

漫畫大王版《無敵鐵金剛》書影。

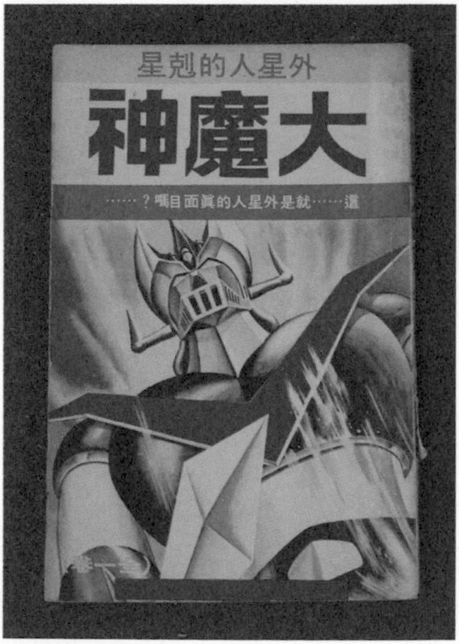

《大魔神》書影。

《合勦惡魔怪》書影。

望月三起也《最前線》。

漫畫大王版《祕密偵探小飛龍》。

香港版望月三起也《密探JA》。

漫畫大王版《祕密偵探小飛龍》。

黑豹
中
戰士黑豹
時報周刊連環圖畫
時報漫畫系列生活類
鄭問／繪
下

戰士黑豹
時報周刊連環圖畫
時報漫畫系列生活類
鄭問／繪
上
時報周刊連
時報漫畫系列
鄭問／繪

鄭問《戰士黑豹 上》時報周刊初版。

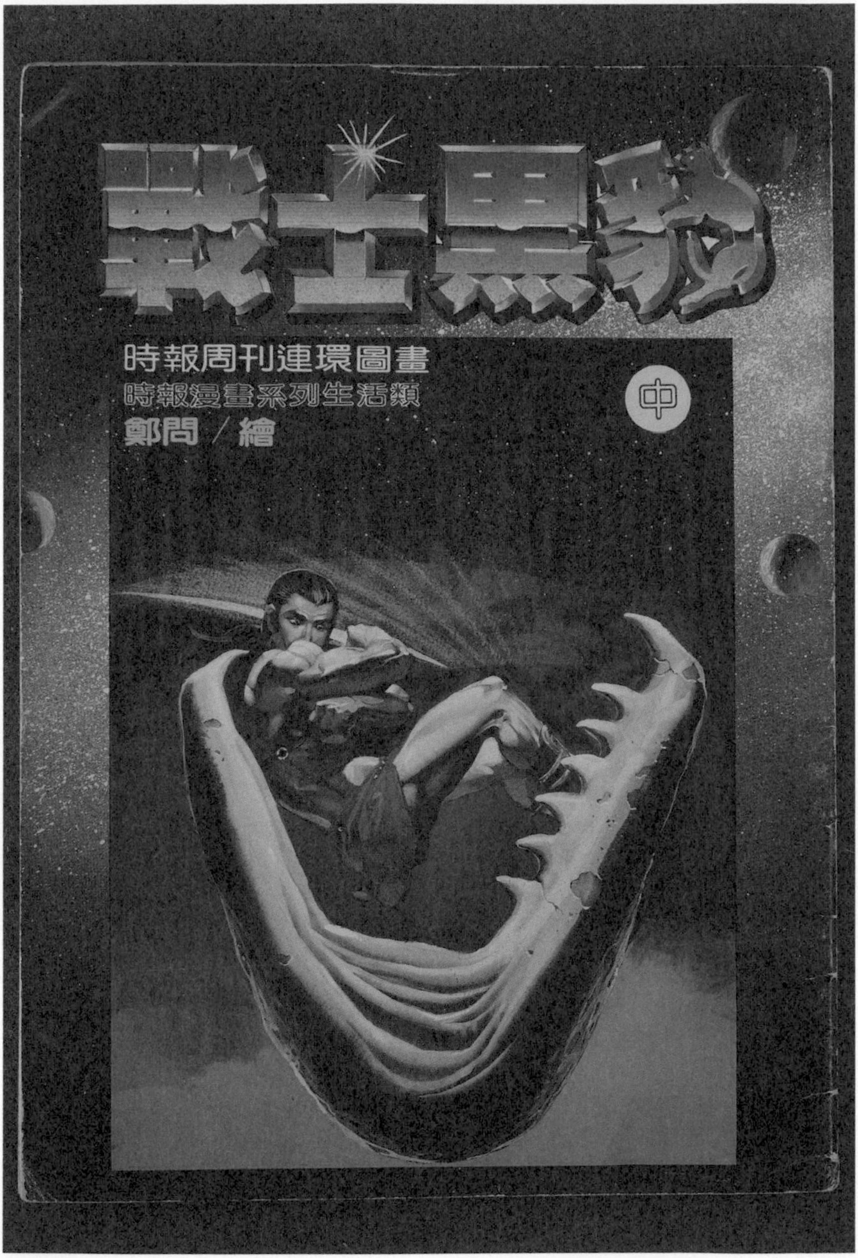

鄭問《戰士黑豹 中》時報周刊初版。

鄭問《戰士黑豹 下》時報周刊初版。

《蝙蝠俠：致命玩笑》，木馬文化出版。

星新一作品群像。

星新一作品：《惡魔的天堂》、《科幻小小說》。

星新一作品：《跟蹤》、《撒旦的遊戲》。

星新一作品：《安全卡》、《最後的地球人》、《鞦韆的彼方》、《異想天開》。

007小說《金槍人》、《恐怖黨》、《女王密使》

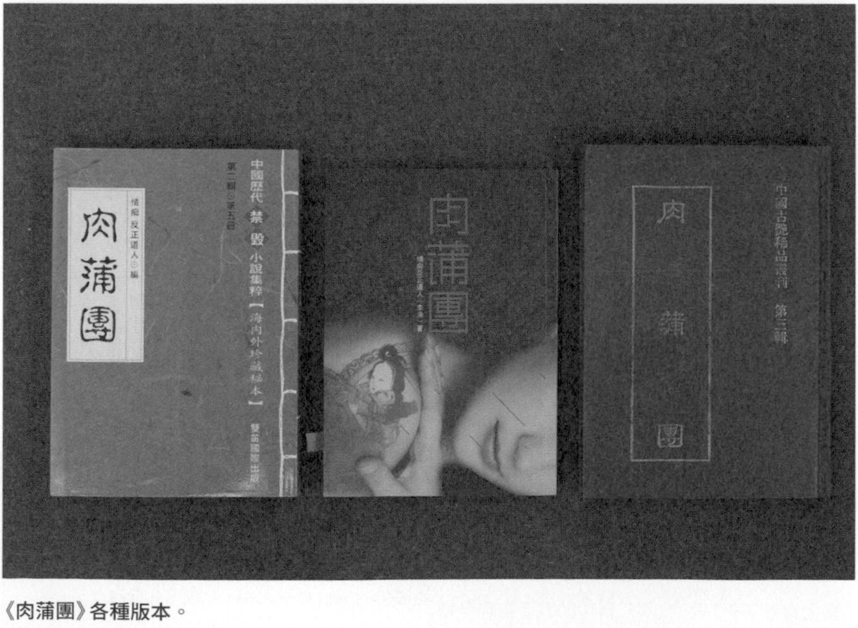

《肉蒲團》各種版本。

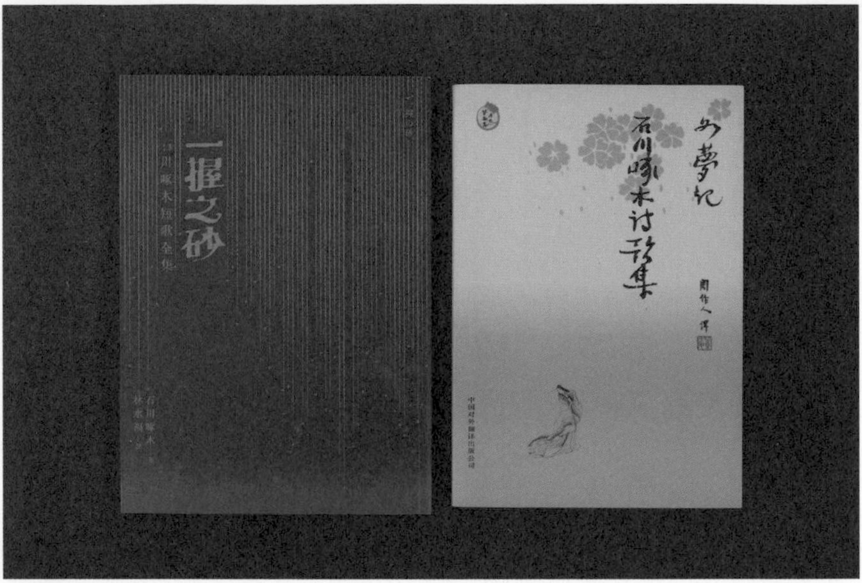

《石川啄木短歌集》、《一握之砂》。

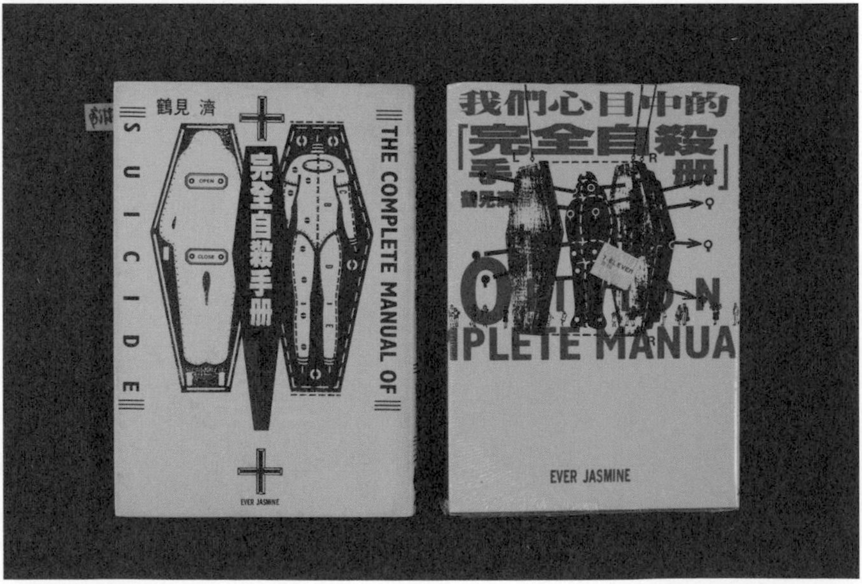

《完全自殺手冊》與《我們心目中的完全自殺手冊》。

推薦序

《禁斷惑星》：每個男人終究會成為一顆禁斷惑星

龍貓大王——影評人

一位身任大學教師的朋友，曾經義憤填膺地向我抱怨，每次批改學生作業時，總是會看到許多重複的段落在不同學生的報告裡出現，他抱怨許多學生便宜行事，只從維基百科上搜尋答案。我沒有其他話安慰這位傷心好友，但我在心裡想著，不只學生們在學習研究時重度依賴維基百科，其實連出於興趣嗜好的宅宅們，也很依賴維基百科。只要有維基，每個宅宅立刻都能成為學富五車的宅宅，一秒通曉那些在他們出生前就誕生的《蜘蛛人》歷史、日本特攝電影歷史、或是一九六六年的《蝙蝠俠》影集。

當然，維基百科是立意良好的工具，使用工具本身並沒有錯。相反的，每年維基百科都會發動募捐，呼籲網友們支持這個巨大的非營利知識管理系統。每年我看到這樣的公告（外加看到維基媒體基金會CEO至情至性的呼籲），實在感到不解——如今全世界大部分需要透過維基汲取知識的人類們，也許都應該付出部分所得長期認捐維基才對。不過，即便使用維基沒有錯，依賴維基卻是很危險的一件事。在我讀到這本好友高苦茶的精心傑作《禁斷惑星》之後，更加深了這種想法。

「如果你想害慘一個人，就鼓勵他去辦雜誌」，這句玩笑話十幾年前就在臺灣聽過，但這句話放在讀者更多、雜誌銷量更高的出版大國日本，卻也一樣準確。日本雜誌近二十年的銷量穩定下滑，連服務青少年少女的年輕流行時尚誌，也要面對八年內銷量慘跌一半的困境。曾經每個月的少女誌《Popteen》一出版，隔天就會是班上女同學們為之瘋狂的焦點，如今社群網路發達，instagram無時無刻都有掛著#OOTD（本日穿著）hashtag的推文，教妳如何穿搭。誰還要等上一個月，才能從一本兩百頁的雜誌裡學到街頭流行？

雜誌銷量下滑，逃出困境最簡單的想法，就是辦一本客群無限大的雜誌，讓九——九十九歲的讀者都能受用。《昭和40年男》在日本雜誌界的寒冬裡誕生，但它卻無視「讀者數大就是美」的簡單概念，單單服務昭和四〇年（一九六五年）出生的讀者……而且別忘了雜誌名還註明了「僅供男性」。一九六五年出生的男孩子們，何德何能，要數十年後的年輕人們為他們辦一本雜誌？事實是，這群男孩子是近代人類創意史上最幸福的受眾。

他們出生時，第十一部〇〇七電影《霹靂彈》，獲得系列作最高票房，被認為是當時史上最精彩的一部作品；他們一年級時，每天回家一定要看卡通《魯邦三世》；四年級時，煩惱今年生日禮物，要選當紅的《蓋特機器人》還是《宇宙戰艦大和號》；國中情竇初開時，他們被雜誌裡日本史上第一位泳裝寫真偶像安格妮絲林的照片，迷得不要不要的。一九六五年出生的男孩子們，生長在經濟高度成長、創作慾旺盛的日本環境裡，他們在第一時間，就能欣賞享受被往後數十年萬千宅宅歌頌、崇拜、懷念的宅動畫、宅玩具、宅偶像們。《昭和40年男》不是單單服務即將步入花甲之年老頭子的雜誌，它是歌頌、崇拜、懷念六〇年代日本流行文化的雜誌。

《昭和40年男》於二〇〇九年創刊，如今仍在發行中，十三年來未曾在臺灣發行，這當然是憾事一件。但是在閱讀這本《禁斷惑星》的過程中，我卻宛如讀到了臺灣版的《昭和40年男》。

維基百科是現代宅宅翻閱歷史的最好伙伴，但某種程度上，也是最大的敵人：維基百科收納來自全球用戶的歷史記憶，卻無法收錄這些自願貢獻記憶者的熱情。在維基百科編輯方針的〈維基百科不是什麼〉一文裡，還勸導使用者維基「非宣傳個人見解」之用。維基是百科全書，不是儲存你的興奮、憤怒、悲傷的庫房。當然，介紹蜂鳥、胸腔鏡或哈雷機車「革命」引擎的維基條目，不需要放進人類情感來攪和。但是〇〇七、《哥爾哥13》與《無敵鐵金剛》呢？這些偉大作品不只是一條冰冷的維基百科條目。如果你從維基裡「認識」了《無敵鐵金剛》，你只認識了一半，他們曾是某個昭和四〇年男的回憶……是炙熱的回憶，而維基百科並不保存記憶的溫度。

苦茶兄也算是「昭和四〇年代男」的一分子，這本著作名為《禁斷惑星》，某個角度觀之，書名應該改為《民國五〇年代男》。民國五〇年代男與昭和四〇年代男同處相同時代，但身為喜愛漫畫電影與小說的民國男，鐵定活得比昭和男辛苦一點——在中華民國解除戒嚴以前、在臺灣社會保守風氣之下、在臺灣出版界仍然大量盜版日本出版品、盜拷日本影視作品的那個年代裡，民國男能欣賞到的海外流行文化，內容大多經過刪減、改動、甚至偽作。還是孩子的民國五〇年代男們，從這些作品裡認識的是柯國隆與李哲雄；祕探少年頭上帽子畫著國民黨黨徽；漫畫裡輕解羅衫的美女脫到最後，身上總有件粗糙的黑色比基尼。

苦茶兄是學識淵博的藏書家，有趣的是，他從小就有這種「保存文化」的收藏癖——不只是藏書，而且他還收藏自己那些有溫度的記憶。他不但在《禁斷惑星》裡分享五十年來對於漫畫、電影與小說的記憶，還分享他小學時，買下上下冊漫畫大王版《無敵鐵金剛》，並且拆解漫畫重新裝幀，重釘成一回一本的形式——小學生苦茶把日本漫畫拆成了美漫連載形式的「單回本」了；他還分享當年華視播出《無敵鐵金剛》時，竟然將《無敵鐵金剛》與續作《無敵大魔神》兩部完全不同人的男女主角，通通命名為柯國隆與余莎莎——苦茶小時備感混亂的觀影記憶，在維基上是查不到的。

《禁斷惑星》談《無敵鐵金剛》、談偉大的日本動作派漫畫家望月三起也；談畫風精奇的鄭問曾參加全國漫畫比賽，為何只得到佳作之謎；談藤澤周平的時代武俠小說；談〇〇七的《第七號情報員》、《女王密使》、與《金鎗人》；談不只賣玩具的日本特攝電影；談《肉蒲團》、義大利豔星愛雲芬芝與日本官能小說大師團鬼六。

這些作品風格不一，集結成書乍看是一團混亂。事實不然，我說《禁斷惑星》是臺灣版《昭和40年男》，是因為這些年代相近的不同類型作品，鋪墊出了一條民國五〇年男的成長脈絡：曾經，我們夢想在未來二十一世紀也能大喊「指揮艇組合」乘上巨大機器人；我們夢想像〇〇七一樣有勇有謀，擁著美女天涯遠走，將爆炸的要塞拋至腦後；偷偷將外國情色電影錄影帶藏在床下，外殼還要寫上《社區土風舞大賽》以假視聽。這些不正經的點點滴滴，形塑了今日的我們，而苦茶兄通通還記得。

每個男人終究會成為一顆禁斷惑星，「禁斷」不代表這些成長元素全是不能說的禁忌，而是這些讓一個男孩成為男人的點點滴滴，當年都是不足為外人道、不值一哂、不登大雅之堂的「次文化」。如今宅宅當道，每個領域都至少有一位 YouTuber 能頭頭是道，維基百科為您獻上百年發展歷程。但是，那些都只是白逑歷史，「禁斷」這兩個字卻說出了臺灣五十年來的宅歷史發展歷程，這條路受到臺灣政府法令與社會風氣的轉變影響，而這些禁斷，日後都凝塑成一顆顆複雜的雄性行星。

這些星星也許忙於事業與家庭，沒空去電影院觀賞最新的《〇〇七：生死交戰》，但他們也許會鮮明地記得，他們的父親曾牽著自己的手，父子倆一起到當時最潮的獅子林戲院金獅廳，觀看其實兒童非常不宜的《〇〇七：殺人執照》。在你閱讀完《禁斷惑星》之後，也許會在心頭同樣湧起這樣溫暖的回憶。

自序

封存於我心深處的禁斷惑星

「你們最好別降落，現在調頭就走。船長，如果你決定降落，我警告，我無法對你的船以及船員安全負責。」

～～Altair 四號行星上的 Morbius 博士／電影《禁斷惑星》（*Forbidden Planet*）

本書除了這篇序，並無名為「禁斷惑星」的篇章。本書內容與電影《禁斷惑星》亦無關，惟確實有某些幽微的通連。

一九五六年上映的電影《禁斷惑星》是好萊塢科幻爽片。有宇宙飛碟、太空部隊、外星科技、無形怪獸、英雄美人及鼎鼎大名的人型機器人「羅比」，噱頭十足。劇本脫胎自莎翁名作《暴風雨》，擷取若干元素：孤絕、慾望、暴力、犧牲、魔法放到神祕悠遠的行星禁地，於科幻喧囂之外，融入人文關懷及哲學思想，拉出文學深度。在五、六〇年代，一窩蜂 B 級風味、譁眾取寵的科幻片裡，展現卓然不群的氣度。

《Forbidden Planet》在日本上映時取名為《禁断の惑星》。直接從英文照翻，毫不出奇，但是，**「禁、斷、惑、星」**四個漢字擺在一起，莫名產生迷幻疏離的美感，不時動搖我心。

謹借電影片名一用，代表一處「神祕悠遠的精神故鄉」，寄託老宅男的鄉愁。亦效法隱居於禁斷惑星的 Morbius 博士，警告讀者，本書可能激怒您、惱煞您、煩死您、惹笑您，我無法對您心靈的平靜負責。

我這輩老宅男、宅女（「OTAKU 御宅族」的宅，不是蝸居的宅），大都藉漫畫及卡通啟蒙，與宅結緣。沒趕上國產漫畫全盛期，識字起就讀上盜版日本漫畫，追老三台國語配音日本卡通，男生看無敵鐵金剛、科學小飛俠，女生看小英、小蓮、小甜甜。下課放學後，這些動漫「宅物」陪伴左右，讓我們不孤單。忘不了每天晚上六點守在電視機前，扒飯看卡通的幸福。

動、漫畫之外，最吸引兒童的就是真人演出特攝劇。劇裡有各式超人、怪獸、科幻道具，各樣傳奇、冒險、夢想，還有打鬥、炫光及爆炸。可惜全是舶來品，想要的資訊幾乎沒有，欲了解更多，就去書店買書卡畫冊、大山書店版百科圖鑑（在此向譯者劉萬來先生致敬），從模糊粗糙的圖片、奧晦不明的文字，反推、腦補影劇情節（因為老三台不播日本劇）。或上更高殿堂西門町「萬年商業大樓」尋找日文設定資料集，看得懂也罷，看不懂也罷，囫圇吞棗，就是爽。

這些「棗」在體內又化為養分，將來成長為「哈日族」、「日本通」。研究範圍從動漫起，向四面八方延伸，觸及日本歷史地理、文化風土、古今文藝、當代社會現象、藝能界動態。上起戰國風雲，下至中森明菜，無不如數家珍。重症者，自力學成日文日語，甚至留學、移居，將人生願景寄託於心目中的日本。

宅少年進戲院看電影，首先要求熱鬧。〇〇七電影大概是《星際大戰》誕生之前，最熱鬧的西洋系列電影，每年寒暑假或農曆年上映，我照例進戲院朝聖。青春期情竇初開，性徵漸顯，難免好奇男女之「性」怎麼回事。於是宅少年想方設法挖掘黃色電影及小本子來「研究」。如果有幸見識這些禁物，從此在同儕間的地位高高在上。反之，則不堪聞問。

以上籠統所提諸「宅物」，現在看來稀鬆平常，俯拾皆是，但是在我們那個年代，全都是家長及老師深惡痛絕的廢物啊。即使是薄薄一本漫畫，也不准看，抓到即撕碎扔進垃圾桶。

「有那個時間怎麼不讀書？」（所謂「書」，只能是「課本」）

「等看卡通？不上補習班嗎？」

「要月考、段考、聯考了，還給我出門看電影？」

至於黃色書刊及小說，不必家長罵，我們自己都知道要藏好。

加上當時仍戒嚴，白色恐怖依然苛酷。禁忌訓誡深入人心。涉及政治思想，動搖一黨專政的東西絕對不行。過於親中或過於親日的東西也不行。警備總部、新聞局與國立編譯館各司其職，主持最高思想指導。

如此時代氛圍壟罩，上下一心執行「檢查、禁毀、塗黑、打馬、刪減、改裝」：動漫主角改名為「國隆」、「家偉」；《小叮噹》宜靜著和服改成旗袍；宇宙戰艦「大和號」改名「黃帝號」；《哥爾哥13號》不可少的妖嬈女體，全裸的，上下塗黑兩截變成比基尼，穿比基尼的，塗大片黑變成連身泳裝；露骨的性愛場面，塗黑整格整頁很累，乾脆抽頁、開天窗或查禁。諸多矯正、防範措施，扭曲我們所能接觸與不能接觸的宅物，以及我們。規範過的端正世界，再也不完整，甚至不真實。

寫作本書，也是某種形式的「招魂」或「召喚」。例如煙視媚行的「愛雲芬芝」（多麼香的譯名），如今還有誰記得這位歐洲豔星？但是臺灣情色電影消費史及少年情色開發史不能沒有她。我必須寫一寫。同樣理由，本書還提到 Russ Mayer、鮑伯．羅斯、Chet Baker 等幾位舊日的「傾奇者」。

所以，父母不愛、師長不屑、社會大眾不解、國家取締不許的「違禁品」，腐蝕人心的玩意兒，「天下最無用之物」，不忍撕之燒之棄之，通通收納在我心中的「禁斷惑星」。無膽亦無顏示人，只能俟萬籟俱寂時，瑟縮於世界最孤僻一角，將這些過時的無用宅物，一件件拿出來撫摸、睇視、憐惜。無邊無盡的耽溺與詠嘆，不時滿溢出來，遂化為文字，沉入數位虛擬之海，某些篇章已發表於紙本及網路媒體。撈取少許，彙入此書。

考據史實，羅列幕後花絮如百科全書，我力有未逮。引經據典，套用專有名詞，行學術研究，我不是那塊料。OTAKU 宅領域寬廣，漫畫、動畫、特攝、模型、電玩等，隨便一門深邃如海，我稍微提一下都心虛。雖種種不如不足，但是，我有戀有癖。遙思過往，憶即揮筆，寫出一封封情書送給往昔深愛的人、事、物，即是本書。

靡麗繁華，過眼皆空，五十年宅，總成一夢。夢中說宅，從何說起？彷彿攝影鏡頭蒙上薄霧，凝照燈火黃昏，推移特寫一白頭少年，坐「杏花疏影裡，吹笛到天明」。

目次

第二章　奇想天外與浮世哀傷的日本文學

第三章　我的名字是龐德，詹姆斯．龐德

第四章　科幻、特攝、哥吉拉與蝙蝠俠

第五章　色情的啟蒙，性愛的冒險

第六章　舊日的傾奇者

第一章 漫畫原著、臺灣盜版及黑豹昇起

1

和魂洋才：蜘蛛人登陸日本

蜘蛛人，漫畫家史丹．李（Stan Lee）為青少年讀者創造的高中生超級英雄，一九六二年八月在《驚奇幻想》（*Amazing Fantasy*）雜誌第十五期初登場。奇特的設定、輕快的劇情，生活中屢有綠豆般大煩惱的鄰家男孩超級英雄，時而搞笑，時而傲嬌，堪稱美國中二病元老，讓青少年讀者們產生共鳴，叫好叫座，很快就擁有專屬漫畫期刊，進而拍攝動畫與真人演出電影、電視劇，在美國走紅大半個世紀。

進入二十一世紀後，乘著流行的超英雄電影風潮，由山姆．雷米（Sam Raimi）執導，陶比．麥奎爾（Tobey Maguire）主演真人電影，二〇〇二年上映，全球驚艷，又追加兩集。二〇一二年重啟，換安德魯．加菲爾德（Andrew

Russell Garfield）主演，拍了兩集。影業公司之間談判成功，版權解禁，可以在漫威《美國隊長3》客串，新蜘蛛人是湯姆・霍蘭德（Tom Holland）。小蜘蛛氣勢強，參演《復聯3》、《復聯4》，並擁有三集專屬電影（返校日、離家日、無家日），於是「蜘蛛人」成為二十一世紀初動漫迷、影迷最熟悉的超級英雄之一（也不能忘了環球影城主題遊樂設施多年來的功勞）。

蜘蛛人與其他超級英雄不同的特殊機運是，他曾經遠赴亞洲動漫王國日本發展事業，出漫畫，也拍戲。在日本開花結果的漫畫作品分為日譯版（直接英譯日）與日本版（重新作畫）兩種。

日譯版《蜘蛛人》漫畫，單行本由光文社於一九七八年五月十五日初版，全八卷，封面完全取自美漫（沒有任何日文字），由美漫專家小野耕世監修與翻譯。但是日本讀者習慣漫畫採用細密的分鏡，不適應美漫於一畫格之內超多對話框及擁擠字句的形式。臺灣也曾由神奇出版社出過中譯本，未成氣候。

至於重新作畫的日本版《蜘蛛人》（スパイダーマン），可不是海盜版，係取得美國漫威公司正式授權。於講談社旗下《月刊別冊少年雜誌》（月刊別冊少年マガジン）一九七〇年一月號至一九七一年九月號連載二十一回，共十

三話故事。一九七六年四月三十日起發行單行本，SUN COMICS出版，全八冊。作畫者為池上遼一。前六話編劇為小野耕世，後七話為科奇幻作家平井和正。單行本封面由插繪大師生賴範義繪製。這幾位如今已是響噹噹大師級、殿堂級人物。

約在一九六九年，《週刊少年雜誌》暨《月刊別冊少年雜誌》編集長內田勝為了讓自家漫畫雜誌有別於市場上眾多漫畫誌（尤其是頭號死敵《週刊少年Sunday》（週刊少年サンデー）），構思引進美國漫畫。

這位編集長內田勝才剛打了一場漂亮勝仗。他找梶原一騎編劇、千葉徹彌作畫的拳擊漫畫《小拳王》（明日的丈，あしたのジョー）一九六八年元旦開始於《週刊少年雜誌》連載，轟動全日本，影響範圍擴大到大學生與戰後出生一整代年輕人。作品好，讀者的感情投入太深，以致男主角的強敵力石徹戰死後，惹得文化名人寺山修司呼籲發起「力石徹葬禮」，一九七〇年三月二十四日那天，身穿喪服、滿面哀容的漫畫迷們把講談社葬禮會場擠個水洩不通，弄假成真，是日本漫畫史上不得不提的重大事件。

眼光銳利的內田編集長找上深研美漫的權威專家、也是影評人小野耕世商量，小野推薦美國漫威幾年前推出的《蜘蛛人》。討論後定下方針，推出的新漫畫不是翻譯原作，而是把舞台與人物全部搬到日本，全面本土化。為達成這個構想，索性委託小野擔任編劇。

至於作畫，內田則找上剛於劇畫界嶄露頭角的年輕人，擔任過水木茂助手的池上遼一。

人物與故事舞台搬移至日本後，蜘蛛人與反派角色們的造型仍依原版設計，但角色背景、性格及故事細節則重新打造。引進的是「洋才」，內蘊卻是「和魂」。小野耕世之筆描述一個寫實、黯淡且殘酷不仁的世界。而續任編劇平井和正以他的專長加入超能力奇幻元素（其中有三話改編自他的短篇小說），把這個殘酷世界推向狂野地毀滅。

主角是綽號書呆子、愛哭鬼，高中數理化學資優生小森祐。自小父母離奇失蹤，與伯母同住一屋簷下（並沒有班伯父的角色，也就沒有班伯父被歹徒槍殺的情節）。在學校實驗室做輻射線實驗時（忍不住要吐槽：為何小小一家高中擁有高科技輻射實驗室呢？）被感染的蜘蛛咬到，身體發生異變，獲得蜘蛛超能力。於是他自動自發，並沒有經過什麼心路歷程就於極短時間內自行研發製作蜘蛛人裝與蜘蛛絲發射器。感覺像是編劇懶得鋪陳，很簡略、迅速地讓蜘蛛人裝備好，急著讓他上場。

蜘蛛人準備好了，至此與原版差別不大。但是當劇情進入正題後，日本蜘蛛人就甩開了美國蜘蛛人。

第一話主要劇情分成兩線，一線是蒙著面，且能發射強大電力傷人損物的電光人，連續搶劫銀行、殺警之暴力事件；一線是小森的筆友，住北海道富良野女高中生白石留美子，因母親心臟病開刀，需要一大筆錢，來東京尋找哥哥並且拿錢。經過一番追查，才知留美子的哥哥為了一樁車禍賠償，籌措五百萬現金，來到大都市打工漂流，尋找賺錢最快的工作，一個換一個，越走越險，連黑社會的錢也敢偷，遂消失於茫茫人海。

小森與留美子不知道，哥哥迫於金錢賺得太少太慢，遂接受某博士優厚條件，冒險從事科學人體試驗，成為可以吸電放電的「電光人」。搶一兩次銀行得手早已足夠還清債款，但欲望已沖昏頭，財富來得如此容易收不了手。

某報社懸賞一千萬捉拿電光人，為了協助留美子母親醫療費用，小森憑著蜘蛛人特異功能，想抓到電光人領賞金。經歷追捕與失敗，激烈打鬥無意中破壞發電裝置，電光人被自己電死，取下面罩發現竟是留美子的哥哥。小森到底是幫了留美子還是害了留美子？擁有蜘蛛的超級能力，是福是禍？小森起了懼畏之心。

開頭第一話就可以看出編劇小野耕世的企圖與風格。故事不甜美，不詼諧不搞笑，拿掉蜘蛛人與電光人之後，剩下的只是陰慘的現實與沉重的無奈。

十三話故事標題如下（括弧內數字為當年雜誌刊登次序）：

第一話（1）（2）：蜘蛛人誕生

第二話（3）：犬丸博士的變身

第三話（4）：過強的英雄

第四話（5）（6）：冒牌蜘蛛人

第五話（7）：疑惑中的祐

第六話（8）：狂氣之夏

第七話（9）（10）：你的目的地是哪裡？

第八話（11）：冬之女

第九話（12）：陌生人

第十話（13）：狂魔
第十一話（14）（15）（16）：金眼魔女
第十二話（17）（18）（19）：蜘蛛人之影
第十三話（20）（21）：養虎的女人

〈犬丸博士的變身〉開發新藥的荒木博士為了搶奪祕方，把犬丸博士推下蜥蜴谷。犬丸博士變成蜥蜴人回日本復仇，不但摧毀藥廠，還綁架荒木的兒子。小森面對衝突矛盾：荒木的兒子就是小森最要好的同學，而犬丸則是小森最敬重的生物老師。蜘蛛人救下同學，卻不得不保護壞人並與抓狂的蜥蜴人打鬥。

〈疑惑中的祐〉講中學生霸凌、性侵、械鬥。完全是校園問題學生漫畫。

〈狂氣之夏〉描述一個莫名其妙到處滋事、亂開車、亂開槍殺人的美國人。脫序行為逐步擴大為殺警、挾持人質、最後甚至劫機。這個狂暴分子原來只是一個參加越戰，來日本休假的美軍，因為戰場的恐怖經歷讓他心理受到扭曲破壞，一路走向虛無的自毀。

〈你的目的地是哪裡？〉由校園暴力提升到黑社會暴力，販毒、吸毒、殺人更加黑暗慘烈。小森祐仗勢擁有蜘蛛超能力，跟著一位同學鬼混，參加大麻趴，走地下舞廳，捲入黑道仇殺。這位同學堪稱黑道王子，表面風光，有車有女人有小弟，實則是供應毒品的小藥頭。他背後靠山是美國黑幫，但不過是一顆用後即拋棄的棋子罷了。蜘蛛人拯救不了走投無路的黑道王子。

〈陌生人〉紅軍派游擊隊三人組綁架警視廳副總監。此則緊扣時事，當時正好是日本極左武裝組織「赤軍連」活躍期。

〈蜘蛛人之影〉小森好心輸血給車禍重傷者，意外製造出另一個蜘蛛人。此人與姐姐因父親事業倒閉而淪落潦倒，姐姐必須去特種行業上班，出賣皮肉供養弟弟上學。弟弟獲得蜘蛛人能力後，索性假冒蜘蛛人報復當初害父親倒閉的大企業。真假蜘蛛人終究只有一戰（蜘蛛人為了正義與社會秩序，又被迫站在壞人企業那邊），但他們二人都不知死神一開始就選邊站好。

〈冬之女〉、〈金眼魔女〉、〈養虎的女人〉以「魔女」為主題的三話，竟然頗為相似。表面看來，這些「魔女」利用超能力殺人害人，威能強到連蜘蛛人也無法阻止。然而她們都有苦衷與不幸的遭遇，魔力無法害人，人們只是被魔力反射出自己的貪婪邪惡所害。蜘蛛人起先不知該如何消滅她們，了解她們的故事之後，則是不知該如何拯救她們。甚至苦惑是否別出手救，對她們才是仁慈？掀起恐怖災禍後，她們一個個走向更悲慘的結局，但也獲得永恆的解脫與安息。

日版蜘蛛人的世界是寫實到骨子裡的世界，擁有超人能力的小森祐／蜘蛛人反而是怪異的存在。超能力讓他接收到更多、更強烈，普通人察覺不到、經歷不到、這人世間的悲哀。超出他能忍受的範圍，幾乎控制不住，落得自暴自棄。反派怪人如電光人、蜥蜴人、神祕客、狂魔等，都是這個貪婪社會製造出來的怪物，他們的人生甚至比他們手下受害者還慘。小森的最愛、清純可人的女主角留美子也淪落到特種營業摸摸茶裡賣身，生張熟魏眾人嘗，被壞客人帶出場凌虐，還被公路狂魔追撞，翻車重傷，最後悲慘地死在醫院。在美漫裡，很少見到主要角色的人生際遇如此淒涼。

小森佑即使擁有飛天遁地的超能，能夠拯救的人並不多。救到的都是路人，對於周遭他愛的人、敬重的人，都無能為力。甚至好心輸血救人，終究害慘那人。而為了維持正義與社會秩序，他總是被迫站在表面上受害的不肖企業與壞人那邊，與真正受害的怪人們對戰。超能力於他只是不祥的詛咒。故事一路下來壓力越來越重。小森與讀者都快喘不過氣來。十三話戛然而止也好，我想若再這樣煎熬下去，大概只能以蜘蛛人發瘋自殘為最終回了。

日版蜘蛛人啟用的美國原版惡役不多，只有電光人、蜥蜴人及神祕客（第四話，Mysterio，戴著不透明玻璃圓罩，身邊濃煙不散那位）。也不像漫威常常引進其他超級英雄客串或幫襯，日版蜘蛛人的世界觀並不存在其他超級英雄，只能孤獨地戰鬥。換上招牌蜘蛛裝的蜘蛛人也不常上場。即使上場了，也沒太大作用。因為他真正的敵人並非區區幾個反派惡役，而是整個險惡的世界。

這套漫畫是池上遼一早期作品（當時約僅二十六歲），比我們熟悉的幾部傑作、巨作都早，招牌美型男女主角的性感畫風尚未出現。畫功亦未穩定。或許是功力所限，打鬥場面不多。即使有，也略顯笨拙。他畫的動物尤其慘不忍睹。一幕惡犬跳牆，看起來就是一條狗無端地被挾提到牆上方，加上一些效果線，就表示牠起跳飛躍了。不過，這是歷練的過程，一位漫畫界的巨星正逐漸茁壯。

日版蜘蛛人曾來過臺灣，被好幾家出版社盜版。

起先是老漫畫迷皆知的華仁出版社。第一卷納入該社「豪華版漫畫」系列編號〇一二，歸為「幻想漫畫」，但第二卷封面又寫著「冒險漫畫」。華仁版

第二卷《真假蜘蛛人》收錄〈蜘蛛人之影〉與〈狂魔〉兩個故事。記得第一卷是收錄電光人與蜥蜴人的故事。我兒時曾買過第一、二卷，幾十年後手頭只剩下第二卷。見書後「封三」頁廣告，該社兒童書（彩色畫集）簡介目錄第二十二種赫然就是蜘蛛人。推測應該是彩色繪本。可能是盜自美版？

近年我又從拍賣網站購得全套九冊版。出版者是裕泰出版社（書脊標示為東台版）。這套應該是盜版自日本 SUN COMICS 那個版本，封面封底幾乎一模一樣。封面那個右手持花的蜘蛛人，是生賴範義作品。只是原版為八冊，裕泰／東台版分成九冊。

對照華仁版與裕泰版，發現：

裕泰版的譯文基本上是取用華仁版。人名地名公司名都沒改。

華仁版把日文擬聲字改成國字或塗改，裕泰版則全保留。

但是華仁版有大量刪節，刪除一些過激畫面或者比較不重要的過場畫面，甚至把此頁上面幾格與彼頁中下面幾格剪貼一起，巧妙剪裁，若不是拿裕泰版比對，根本看不出破綻。

裕泰版比華仁版更忠於原著。但也是刪節修正版。部分裸露、強暴、性幻想畫面被改造或塗黑了。涉及武裝游擊組織、革命理想、虛無過激的劇情時，其對話翻譯很不順，很古怪，懷疑是出版商依據當時的政治氣氛與民情竄改。盜版者不只這兩家，我僅能就自己的收藏介紹。

蜘蛛人在日本發展事業，除了漫畫，也有真人特攝影集。那是另一場洋才和魂大冒險。

時約一九七七年，美國漫威派駐日本代表 Gene Pelc 促成「東映」影業公司與漫威合作，選擇當時漫威最紅英雄蜘蛛人，拍攝日本版影集。改編前提有三：

一、必須賺錢。

二、日本蜘蛛人服裝、造型及超能力應與原版相同。劇情設定可盡情編排。只要可以賺錢。

三、基於以上前提，此劇只准在日本上映，不得流入國際。

為了賺錢，吸引資金，決定與本地玩具商合作（見識特攝劇《大鐵人17》與機器人玩具結盟大成功，Gene說，放機器人進來！）。為了符合日本大小觀眾口味，劇情遵從「特攝英雄劇」架構。

於是日本彼得帕克設定為職業機車手（與假面騎士別苗頭？）、二十二歲青年「山城拓也」（藤堂新二飾演）。父親是宇宙考古學家，被「鐵十字團」殺害。邪惡組織鐵十字團來自外太空，妄想侵略地球，由怪物教授與美艷幹部「亞馬遜女戰士」率領一幫奇形惡狀的怪人，嘍囉戰鬥員們則像一群嘈雜好動，戴著安全帽的烏鴉。

拓也為救父親，也差點遇害，被「烏鴉」追殺，跌落山洞，重傷瀕死，幸遇「蜘蛛星人」加利亞。遙遠的蜘蛛星已被鐵十字團摧毀，加利亞是唯一倖存者。情急下，他注射「蜘蛛血清」救拓也一命，卻力竭而死。拓也得到蜘蛛超能力，繼承蜘蛛手環（整套蜘蛛裝藏在裡面）、跑車及宇宙艦，力戰鐵十字團，為父親及加利亞報仇。

蜘蛛人座駕是一部造型拉風、呈流線型的陸空兩用跑車GP-7（GP恰好是Gene Pelc的縮寫），可以凌空開進一艘宇宙戰鬥艦「驚奇號」（Marveller

或者可稱為漫威號?)。此艦可伸出手、腳,變形為巨大機器人「獵豹金剛」(Leopardon)。明明是蜘蛛,為何驚奇號的造型酷似於人面獅身像上裝一顆「豹子頭」?玩具贊助商POPY公司的設計師,村上克司先生說,還真沒人問過他這問題。酷就行了。

每集結尾,蜘蛛人駕駛獵豹金剛機器人與巨大化的怪人決戰,這一招雖然很扯,畫面卻異常地熱鬧,啟發東映後來的超級戰隊系列,「巨大化」成了常見特攝哏,每個機器人都有一把劍。戰艦變形為機器人的概念,啟發後來賽博坦星的「變形金剛」。

製作到一段落,美國漫威高層及史丹·李專程飛來日本看成果,看完試播帶後,個個沉默不語。某長官說:「Gene,你在日本待太久啦。沒人想看這個,什麼鬼東西?不是蜘蛛人啊。」Gene Pelc心想,我的事業完了。此時,史丹·李突然起立鼓掌叫好:「太讚啦!簡直是活的漫畫!小朋友會喜歡,動作很棒。如果觀眾想要,就給他們吧?」他並非對日本人客套,是衷心讚美。他對於美國人一九七七年拍的蜘蛛人電影就沒有如此好評。

此劇於一九七八年五月至一九七九年三月播放，共四十一集（期間也出了一部電影版）。贏得高收視率，玩具賣到翻。Gene Pelc 走路有風，繼續擔任漫威與日本的橋梁，開發美日合作戲劇及漫畫，實踐他的夢想。

東映《蜘蛛人》的成功不只因為機器人。它的可貴處在於日本人深入研究文本並如實還原的職人精神。男主角藤堂新二回憶，開拍前觀賞美國蜘蛛人電影，他注意到某段情節，蜘蛛人忘了吃藥就過敏打噴嚏，有趣，很生活化，可以化入他的表演。

特技動作指導金田研讀原版漫畫，領悟演員必須從心裡變成蜘蛛才行。他記下畫格內蜘蛛人每一個動作、姿勢、手腳位置，再教導演員模仿。在他指導之下，演員「人蛛一體」，壓低身體重心，貼近地面移動或爬行，跳躍飛踢，扭擺肢體猶如歌舞伎及黑暗舞踏（ぶとう）。

為了避免穿幫，特技演員古賀常常僅憑一根繩子作攀牆、爬樓、高空懸吊、吸附天花板等特技。第一次上戲那天，無安全繩的狀況下，徒手攀爬東京鐵塔到三、四十公尺高處。他想，以後都這麼硬的話，可能活不久啦。但仍咬牙拍畢全劇，沒逃走。那個年代根本沒有電腦動畫做特效，幕前幕後以生命拚搏，手工打造，入魂入神，怎能不令人動容？

既然美國蜘蛛人畫成日本漫畫，也拍了電視劇，有沒有依據電視劇又畫回漫畫？還真的有。東映特攝《蜘蛛人》出版過相應的兒童向漫畫。臺灣也有盜版，即「建華漫畫雜誌社」於民六十八年八月出版的《神網超人》。

2

無敵鐵金剛、大魔神及夢野久作

一九七六年七月三十日《漫畫大王週刊》創刊，是影響我童年一大事。除了週刊，大王出版社出版漫畫「單行本」又是臺灣漫畫出版界一大事。所謂「單行本」，是把曾在雜誌上連載各期內容，摘出收集合為一冊發行，便利讀者收藏、閱讀，以窺全豹。這個概念也是承接日本漫畫「雜誌期刊－單行本」上下游體制。

在此之前，臺灣坊間已有各類形形色色的漫畫書，大大小小，彼薄此厚，但是沒有長得像「大王單行本」的開本。

一般來說，臺灣本土漫畫書頁數不多，紙張粗劣，畫工不佳，印刷普普，校對馬虎，大約六元一本。大王出版社「單行本」從內容、頁數、開本、封面、裝幀設計等概念直接翻版／盜印自日本「秋田書店」出版品。堪稱豪華精美，一本訂價新台幣二十元，是小本臺漫的三倍多，對於七〇年代小學生來說可不便宜。當時陽春麵一碗約三到五元，poki百吉棒棒冰一支約三到八元。

單行本暢銷之後，所謂「集結雜誌已刊單元」根本來不及賣，出版商人心一橫，不管雜誌不雜誌了，索性整本整本地盜印日本已出版各種單行本。幾乎不需本錢，輕鬆獲得暴利，遂於漫畫市場贏得壓倒性勝利。

單行本漫畫雖然由漫畫大王出版社首創，但是發揚光大，成為少年漫畫霸主卻是後起之秀「華仁出版社」。

華仁如今已不存在，根據漫畫書後面的版權頁，社址為台中縣大里鄉中興路一段三一四巷十二號，電話：（〇四三）三〇二三三九，發行人：黃錦堂，郵政劃撥：二四九五五。

漫畫大王出版的單行本中，我最愛的是《無敵鐵金剛》（マジンガーZ，魔神Z）。多年以後才知道這個版本作者並不是永井豪，而是櫻多吾作。為何出版社不翻印永井豪原作，而是引進櫻多吾作？為何日本動漫公司及出版商眼前已有永井豪版，又請櫻多吾作另畫一版？平心而論，櫻多吾作畫風比永井豪圓滑可愛許多，於性與暴力的呈現收斂許多，確實較適合當年臺灣保守的氣氛。

小學時的我很古怪。買來上下二冊漫畫大王版《無敵鐵金剛》，卻覺得不順眼。明明分這麼多回，為何要訂在一起？我認為應該一回故事作成一冊才對。哈哈，根本是打破「單行本」的概念，退化成「單回制」。粗暴地將完好的漫畫書肢解，解下封面，拆開裝幀，把書頁自書背拔開，分出每一回故事，再將每回用釘書機釘起來。這樣感覺變成好多本。有藏書豐富的感覺。但是製作過程發生一個大問題。如果這一回最後一頁與下回第一頁恰好在同一張紙上，如何歸屬分冊？小學生不懂得用影印方式複製，也沒那個門路（當時全臺灣大概也沒幾臺影印機），真是棘手問題啊。先丟一旁吧。久而久之，也就忘了。只剩下一堆或釘合或分散的漫畫。回想起來，遇上我這個魯莽無聊小書主，《無敵鐵金剛》真可憐。

後來收藏的華仁版就是永井豪版了。華仁出版過無敵鐵金剛的兄弟「大魔神」（グレートマジンガー）系列。

無敵鐵金剛好不容易打垮赫爾博士、雙面人、無頭男爵，還沒來得及慶功，又從地底冒出「邁錫尼（ミケーネ）帝國」，分工更細膩的七大「戰鬥獸」群（比機械獸更強）把鐵金剛打個半死。快完蛋之際，憑空飛出大魔神，三兩下消滅掉眼前之敵。原來它是柯國隆／兜甲兒失蹤已久的父親兜劍造祕密研發，駕駛人乃孤兒劍鐵也。從此，過時的鐵金剛退出江湖，交接給更精銳的大魔神、劍鐵也及炎純維護世界和平。

我收藏的華仁版是《外星人的剋星——大魔神》、《大魔神第二部——鐵人陰謀戰》、《大魔神第三部——化石恐龍》。此外還收無敵鐵金剛與大魔神同台演出的《鐵霸王。大魔神——合勦惡魔怪》第一卷及第二卷。所謂「鐵霸王」就是無敵鐵金剛。這五本漫畫都是民國六十七（西一九七八）年一月出版。但是看它於書末所附國立編譯館審定執照核發日期，有的早在民六十六年十二月，有的卻晚在民六十七年三月，所以版權頁所印出版日期大概只是聊作參考。

雖是同一家出版社出品，書中人名翻譯卻前後不一，「大魔神」系列男主角在第一部名叫李哲雄（即劍鐵也），女主角為林美鳳（即炎純）。到第二部、第三部卻成為家偉及美蘭！幸好到了《鐵霸王。大魔神——合勦惡魔怪》裡，仍然取名為家偉及美蘭。

寫到這裡，想到當年華視播出《無敵鐵金剛》卡通影集，在鐵金剛後期要銜接大魔神時，竟然睜眼說瞎話，把前後出現的鐵金剛、大魔神硬生生當作「同一隻」無敵鐵金剛，把前後兩對男女主角硬生生當作同一男女主角柯國隆、余莎莎！因此明明男主角已經換人了，他還是叫做柯國隆。明明機器人也換了，它還是叫做鐵金剛。等劇情發展到兩大機器人及兩位男主角見面的時候，不知擅自更改劇情的製作單位當時有沒有精神錯亂？為何不老老實實照原本播放，硬是要做此無事找事、多此一舉的改動？小學生也不是那麼好騙。

閱讀相關資料時，發現一件趣事。《マジンガーZ》漫畫起初在《週刊少年JUMP》（週刊少年ジャンプ）上連載。自一九七二年十二月二日至一九七三年八月十三日，故事分成八個章節。其中第二個章節名為《ドグラ・マグラ編》。赫爾博士在這章派出兩隻機械獸：多古拉S1（ドグラS1）及馬古拉F2（マグラF2），兩隻長得像雙胞胎，這兩隻分進合擊，還可以背靠背連結組合成一隻更厲害的機械獸「多古拉馬古拉」，ドグラ・マグラSF！前後都可以看到敵人，攻擊防禦無死角。

有趣之處在於它的名字「ドグラ・マグラ」。這就是SF科幻及推理小說名家，夢野久作的獵奇推理名作、人稱日本推理小說三大奇書之一《腦髓地獄》原著書名啊。此書係一九三五年（昭和一〇年）一月松柏館書店出版。「ドグラ・

マグラ」據說是長崎地方方言，當地切支丹神父的咒術用語，具有異國文化的神祕感。小說主題「狂人的解放治療」，作者帶讀者進入精神病患的異想世界，瘋子遇到更瘋狂的醫生們鬥法競爭，還企圖解謎，瘋得不得了。永井豪怎麼會想到用這部書名給機械獸命名？很難考據。我想像過，他漫畫的筆觸常常狂放、殘暴且獵奇，如果真的改編迷亂的《腦髓地獄》為長篇漫畫，正好適性適所，必定精彩絕倫。可惜只是存在我腦中的夢幻作品。

3

浪漫軍武迷的悲憤之書：望月三起也《最前線》

每個男孩或多或少都曾是小軍武迷。兒童時的我看戰爭電影，受銀幕上激烈的聲光效果與英雄主義所惑，遂幻想變身為戰士，衝鋒到第一線，拿起機關槍（不能是手槍、步槍）、丟擲手榴彈殲滅敵人。或者駕駛威風穩重的裝甲坦克、帥氣刁鑽的戰鬥機把敵人轟掉。曾經大聲許下長大後當軍人的志願，嚇壞家中大人，幸好隨年齡增長，這志願馬上被「當蔣總統」取代，再之後被「當科學家」取代。

戰爭電影裡面的壞人似乎只有兩種，一種是帝國日軍，一種是納粹德軍。印象中，與德軍對戰的電影多，與日軍對戰的電影少，於是兒童的我拿起玩具刀槍、坦克、飛機，自己操弄一場戰爭遊戲時，假想敵竟是遠在歐洲的德軍，而非歷史地理上與臺灣更接近的日軍或解放軍。

不只我，恐怕所有生活在亞洲遠東的黃皮膚小孩，都曾幻想與德軍作戰。日本漫畫家望月三起也是不是聽到這個「幻想」，得到啟發，進而畫出長篇漫畫《最前線：二世部隊物語》呢？

「日本人組成戰鬥部隊，於二戰歐洲戰場打擊納粹德國。」如果說出這樣的故事大綱，會不會被讀者罵「太過鬼扯」？日本與德國同是軸心國成員，麻吉好兄弟，當然不可能「往內」互打。但望月三起也確實巧妙地找到一個真實歷史背景，將此設定畫成作品。

一九四一年十二月日本偷襲珍珠港，美國正式對日宣戰，開啟二次大戰另一慘烈戰線：太平洋戰場。美日戰爭開打，定居於夏威夷准州（夏威夷本是一獨立王國，直到一八九八年才被美國納為「准州」，晚至一九五九年才成為第五十州）與美國西岸的「日裔美國人」頓時陷入很難堪的處境。

在夏威夷還有國王的時候，日本就與夏皇室簽約，讓國民移民、移工到亟需勞動力的夏威夷開墾，另有一大股則是移進美國本土，以定居西岸務農、施工為主。勤奮的日本移民進入美國社會農、工、商各階層，漸漸有人擔任要角，擁有社會地位。一九二〇年代，日裔人口占夏威夷總人口百分之四十三；到一九四〇年，美國西岸農場雇用工人百分之四十為日本人。

時光流轉，移民繁衍至第二代、三代。雖然父母祖輩傳承的仍是日本文化，名字仍是日本式，說日語、唱桃太郎，吃沙西米、喝清酒，但日裔美國人自小接受美國教育，受美國文化薰陶，說ABC、唱美國歌、打棒球、嚼口香糖、喝可樂，腦中深植自由民主思想，個個成為黃皮膚美國人（ABJ），年輕男子甚至編入國民兵服役，人數約達五千名。

珍珠港被轟擊慘狀與將士、百姓大量傷亡，使得美國人心中的種族歧視與國仇家恨一起爆發。美國人完全無法信任日裔美國人，即使他們原本就是身邊熟悉的同學、同事、鄰居。「這些黃皮膚小矮子裡面躲藏多少間諜？會不會偷偷收集軍事情報獻給天皇？會不會在美國本土搞破壞？甚至武裝叛變威脅國家安全？」聯邦調查局首先拘捕約兩千名有社會影響力日裔，隨後美國政府更乾脆把所有日裔住民約十一萬人全抓起來送進集中營看管，凍結財產，直到戰爭結束。想來可憐，這些人的學業、工作、事業突然中斷，空白延宕數年，一切只因為他們的血液與長相。他們並沒有違犯任何美國法律。

而夏威夷的日裔國民兵則全部集合送到本土，於威斯康辛州軍事基地麥考伊營進行所謂「戰鬥準備」訓練（或者實質為看管？拘禁？）。這部隊命名為「第一百獨立步兵營」。經由日裔團體不斷抗議陳情，加上日裔軍人表現忠貞愛國，美國軍方於一九四三年才同意組成全由日裔軍人（少數高階長官仍是美國白人）組成的戰鬥部隊，於是「第一百獨立步兵營」加上美國各地志願報效國家的日裔青年，編成「美國陸軍第四四二步兵團」（442nd Regimental Combat Team）。俗稱「二世部隊」。因為成員都是移民第二代。

美方允許這支部隊上戰場，但只能登歐陸，不能參與太平洋戰爭。這明顯是猜忌與歧視，同時間義裔、德裔美國人卻可以上歐陸戰場，而且人數還比日裔多。戰爭片常演到，美軍問路、搜情報、滲透敵後，都需要會講流利德語的德裔美國人。

「第一百獨立步兵營」先於一九四三年九月初抵達北非，稍事整頓，於九月底登陸義大利投入戰場。一九四四年五月二十八日，第四四二步兵團登陸義大利安其奧。正是戰史有名「安其奧戰役」最慘烈的階段。六月十一日與一〇〇營會合。此後日裔二世部隊在義、南法、德國等地英勇壯烈地戰鬥。

二世部隊也很清楚自己的處境，愛國不能落人後，奉獻犧牲不能打折，日本民族的根性仍在，據說戰況激烈時，許多人持槍衝向德軍，甚至如同日軍的「萬歲衝鋒」一般，口中猶吶喊著「Banzai」。面前竟然出現不要命的日本人，德軍一定傻眼吧。

越是讓人猜忌，就越要作出成績才行。經統計，第四四二步兵團是美國陸軍史上獲獎最多的步兵團，曾獲八次美國總統部隊嘉許獎，且有二十一位成員獲得二戰榮譽勳章，被暱稱為紫心營（Purple Heart Battalion）。

漫畫《最前線》講的就是二世部隊的故事。夏威夷出生日裔青年米基·熊本原本與母親經營花店，珍珠港事變後，花店被憤怒人們砸爛，母親被關進集中營。為了讓母親早日離開集中營，他志願從軍加入二世部隊，擔任伍長率領名為「洋基」的日裔小隊出生入死。

日本漫畫史上不缺戰爭類型漫畫，不過，從戰前延伸到戰後五〇年代，流行的是描述太平洋戰爭的「戰記漫畫」，戰前當然是大力頌揚大和艦、零戰、皇軍，戰後則比較收斂並且反省、反戰，但骨子裡免不了歌頌戰爭中的日本英雄們。望月自己也畫了《隼》、《荒鷲少年隊》這樣的漫畫，所以六〇年代初期這部講歐洲戰場的《最前線》顯得格外特殊。

基本上，這仍是頌揚戰爭英雄的漫畫。主角米基仁慈、聰明、機智、勇敢且戰技超強，匕首、手槍、步槍、重機槍、開卡車、開坦克，十八般武器都會。再多的德軍也打到落花流水。如果漫畫內容只是這樣，那太普通平凡，幸好《最前線》劇情並不單純天真，能夠深刻剖析人性醜惡與美麗的不同面向。

我讀《最前線》，感歎這是一本「悲憤之書」。書中敵方德軍固然可惡，但那些歧視、厭惡米基與他同伴的美軍白人同僚、長官更可惡。為了爭功諉過，心胸狹小的同僚、長官們不是隱匿敵情不報，就是處處掣肘。若是承平時期的辦公室，也就算了，在生死一線之隔的戰場這樣搞，簡直要米基的命。米基不過一個小伍長，哪能鬥得過？常常腹背受敵，內外夾攻，險象環生。

二世傷亡輕，人家譏諷「你們是沒有作戰勇氣還是沒有忠誠心？」二世傷亡慘重，人家譏諷「那是你們太沒用」。

援軍遲遲不來，米基嘆：「如果求援的是美國人部隊就不會這樣。只因為我們是二世部隊，就像彈藥，屬於消耗品。」

米基與顢頇的憲兵起爭執，美國大兵在一旁起鬨：「對啊，日本人是德國人的伙伴，先把他殺了吧！」

米基也不是沒有發飆反擊過，但想到母親還被關在集中營看管，為了母親，為了不犯軍法，他只能忍耐。

敵人到底是德國人還是美國人？或者黃種人就是原罪？

或許當年國際情勢影響《最前線》的內在精神。此作係一九六三年（昭和三十八年）於《少年畫報》（少年画報）十月號起開始連載。往前看，五〇年代韓戰期間，日本強力支援美國，美國資源投入日本，配合大批採購，迅速提昇日本經濟。一九六〇年，美日簽定安保條約，從此美國與日本在軍事上更加緊密合作，但日本也要付出被捲入戰爭的風險。二十年前太平洋上的廝殺早已如過往雲煙，美國最主要的敵人是世界各地與美國本土的共產黨。日本樂於在美國羽翼呵護下茁壯成長。一方面，曾經是世界罪人的日本希望在國際社會重新站起，堂堂正正加入國際社會；另一方面，戰後日本經濟必須成長，且直接面對蘇共、中共、韓共威脅，國家安全必須受到保障，這些全都要美國幫忙。他必須當美國的小弟，而且是改過自新的小弟。既然當小弟，必然要犧牲某些利益，喪失某些法權、主權，不能完全自主，只能隱忍吞苦。在這種氛圍下，日本人對於美國人難免又敬又愛又恨，且迎且拒。回頭看到漫畫《最前線》的日本戰爭英雄必須被同一陣線的美國人指揮調度，並且欺負陷害，豈能不感到心有戚戚焉，不引起強烈共鳴？

望月先生曾在《月刊望月三起也》網站提到：他的作品中，以《七金龍》（ワイルド七）、《新選組》、《二世部隊系列》畫來最為爽快過癮。我個人猜測，可能因為《最前線》讓他過足日本人打納粹的癮，充分運用各種軍事戰術戰略知識，將各式槍械砲機武裝配備入畫，更爽的是同時刮了傲慢美國人一頓。

《最前線》中譯本全套三冊，由憶童年出版社於一九九三年十一月十八日初版發行，譯者劉梅芬。係日本大都社授權臺灣中文版。封面封底大大的英文字「**GO FOR BROKE!**」是二世部隊的隊訓，大致是「**破釜沉舟**」、「**寧為玉碎**」之意。

後續其他二世部隊系列作品似乎就沒有中譯了。

題外話，二世部隊的故事也曾被好萊塢拍成戰爭電影，導演是羅伯特·皮洛許（**Robert Pirosh**），一九五一年上映，片名就是《二世部隊》（**GO FOR BROKE**）。

日本媒體報導，二〇一六年四月三日，上午七時五十六分，以《祕密偵探小飛龍》（祕密探偵ＪＡ）、《七金龍》知名漫畫家望月三起也先生因肺腺癌於川崎市中原區的醫院去世。享年七七歲。

我在《月刊望月三起也》網站粉絲留言版上寫下悼語：

「我來自臺灣。臺灣也有很多望月先生的粉絲，我們都是讀望月先生作品長大的。我本人就是從《祕密探偵ＪＡ》開始接觸先生作品，是童年美好的回憶，感謝望月先生。在此祈求先生冥福，合十。」

謹以此文紀念他。

4

漫畫大王、祕密偵探小飛龍及那年夏天

上世紀七〇年代後半，我還是個孩子，不知大人生活疾苦，在雙親呵護下，生活無憂無慮。放學之後，沒什麼娛樂，最喜歡看漫畫及亂七八糟的電影。當時有本漫畫雜誌一創刊（民國六十五年，一九七六年七月三十日）即紅遍全國，名為《漫畫大王週刊》，馬上擄獲我心。

《漫畫大王週刊》封面有兩位頭大大、胖胖紅蘋果臉小朋友，每期都附贈一個紙作的玩具，你必須依據刊內說明ＤＩＹ組合起來，夠新奇，夠噱頭，夠好玩。這個平凡無奇的，花花綠綠的玩具，紙飛機、棒球場什麼的，彷彿把一整間玩具店送到你面前任你驅使。

整本雜誌都是連載漫畫，除少數國產者，大都翻譯自日本（甚至是重新臨摹描繪），有少女文藝運動類的《紅舞鞋》、《玻璃舞鞋》；有科幻打鬥的《超

人力霸王雷奧、衛司》；有家庭倫理喜劇《牛家班》等等，題材寬廣，允文允武，少男少女漫迷們都愛看。連載之後幾乎都集結另出單行本，這種單行本開數不大，但是份量不小，每冊約一八〇頁左右，在當時是前所未有的創舉（那時坊間漫畫書都是薄薄一本），售價一本二十元（一般薄本漫畫大約賣六元），算是當時漫畫書的高檔品，要買一本可得省吃儉用，慢慢積攢那少少的零用錢才行。而且想買還不一定買得到，必須勤跑鎮上文具行及書店。

漫畫大王成立「大王出版社」專出漫畫單行本，後來出書範圍擴大，不限於雜誌曾連載者，如此一來花樣更多，品質更好。那個年代當然都是盜版、盜印。他們陸續出了《小豬八戒》（國人創作）、《海人精》（手塚治虫的《海王子》）、《無敵鐵金剛》（永井豪原作，櫻多吾作繪的《魔神Ｚ》）、《祕密偵探小飛龍》（望月三起也的《祕密偵探ＪＡ》）、《機械人超金剛》（石森章太郎的《人造人間》）等等，都是日本大師經典之作，但是原作者名字都被改掉，要等到多年之後我才能知道手塚、永井豪、石森等大師大名。

小時候買過幾期《漫畫大王》，但搬家後都已散失，惟獨他的單行本漫畫捨不得丟。

我蠻喜歡大王出版社的一套《祕密偵探小飛龍》。內容敘述日本祕密特務情報機關「J機關」最頂尖的探員「祕探JA」小飛龍（飛鳥次郎）與世界各個陰謀組織、暴力集團、邪惡黨徒鬥智鬥力的故事。智取情報、飛車追逐、槍戰暗殺、上天下海、祕密武器、機關布景層出不窮，整個設定模仿〇〇七情報員，但小飛龍年齡設定為青少年，目標讀者也是青少年，不會出現香豔鏡頭及殘忍畫面，相當於普通級版本的〇〇七。

第一集故事背景拉到香港，有一節敘述小飛龍開著公車追逐惡黨，不知不覺追進罪犯群集的老巢、無法無天之地：九龍城寨，被凶神惡煞們團團圍住。這是我這輩子頭一次知道香港有這麼個地方。長知識了。後來看人捧著九龍城寨攝影集獻寶，歎為觀止，我心中不禁暗自冷笑，我當小學生時就知道這個地方啦。

早期大王版還想刻意保持臺灣風味（做出「臺灣製」原創的假象？）《祕密偵探小飛龍》封面係另找畫師模仿原作重新描繪，畫風很樸拙。第二卷封面，小飛龍入境隨俗，帽子上還有國民黨黨徽。

原作者是望月三起也。望月一九三八年十二月十六日出生於日本橫濱，小學時期因被手塚治虫的作品感動，決意成為漫畫家。望月在神奈川工業高校畢業後，便到建築公司工作，念念不忘自小懷抱的夢想，於是一年後毅然離職。之後便不停地向雜誌社投稿，終於在一九六〇年，於《少年CLUB》初次發表作品，並任堀江卓及吉田龍夫的助手。一九六三年，更在《少年KING》（少年キング）雜誌開始連載他的成名作《祕探JA》。一九六九年，《七金龍》（ワイルド七）亦於《少年KING》連載，歷時超過一一年。一九七二年，被電視臺看中，改編為真人版電視劇，使得望月成為日本七十年代紅極一時的漫畫家。甚至四十年後還改編成電影，由瑛太、椎名桔平主演，於二〇一一年底上映。

望月擅長動作、諜報、戰爭型漫畫，對於槍械武器、各種車輛、機船交通工具等都有深入研究考據，因此畫出來的機械精密寫實，又不會失之僵硬。場面調度、動作設計更是一絕，華麗瀟脫，人稱「望月ACTION」。

大王出版社這套《祕密偵探小飛龍》出版於民國六十六年，記得只出到第三卷（他們稱「卷」而非「集」、「冊」，與眾不同，頗有古趣。後來才知道原來日本原版即稱為「卷」）。之後有一家海風出版社繼續往下出，也出了不少本，但不知終究是否出齊。二〇〇四年一月我從網路拍賣場買下香港出版版權本，全套《祕探ＪＡ》共十五冊，每冊都達二四〇頁左右，要價臺幣三千元。之前沒買過總價這麼高的全套漫畫書。但是現在回頭看，又覺得非常值得。

二〇〇五年六月二十一日逛舊書店，竟翻到大王出版社的一套《祕密偵探小飛龍》三卷，直如他鄉遇故知。二話不說買下。他的裝訂品質、印刷、紙張等等都不如香港後出版本，外貌也經歲月摧折磨損，但他是兒時老朋友，我不在意。

《漫畫大王週刊》創刊那年，我就讀台北縣板橋鎮的小學。那個夏天，媽媽帶著我們三兄妹回娘家台南縣善化鎮過暑假。大人們認為漫長暑假可不能混過去，正好表哥表弟們就讀的當地小學開辦暑期輔導課，大姨丈也在該校執教，簡單安排一下，我們這些台北小孩就厚臉皮插班上課，等於暑假限定的短期轉學生。所以我是在小鎮善化街上書店買到《漫畫大王》創刊號。

外公偶爾會塞一點零用錢給我。但是平時吃摻色素果汁的清冰、喝冬瓜茶（慶安宮旁那家最好喝）、小賣店抽零食玩具（五角抽），所剩已不多，《漫畫大王》一本十元，每週出一本，所需花費甚大，且出刊速度快，也不容許慢慢存錢，於是想到變通方法，我和表弟們出資合買，買來輪流看，如此一來，資金周轉就寬鬆啦，太聰明了。本來立意良好，但是時間久了，為了幾本漫畫所有權歸誰，竟然吵架，吵得不歡而散，合買的創刊號及前幾期也不知去向。燠熱悶人的南國夏天就這樣結束了。

當時的我為何那麼小氣呢？雖然年紀只比人家大幾個月，論輩我畢竟是表哥啊，讓一下又怎樣。難道是，小小年紀已不知不覺地執著迷戀書物？已埋設將來變成無用書蟲的命運？雖然是幾十年前當小孩時的一樁往事，我始終放心裡，至今想起仍然羞愧汗顏。就寫在這裡讓我懺悔吧。

5

能劍出鞘：黑豹戰士黎明昇起

時為一九八三年，從未刊登過漫畫的綜合雜誌《時報周刊》想開設連環漫畫專欄，對外公開徵募，有七位繪者、漫畫家投稿。經副總編輯莊展信先生主政，七雄論劍僅取一人，即鄭問先生，自九月開始連載，作品即《戰士黑豹》（以下簡稱《戰》）。

鄭問在《戰》之前，投稿一篇連環圖畫參加全國漫畫比賽，畫風像鳥山明《怪博士與機器娃娃》、《七龍珠》，內容已不可考。不是自己的畫風，所以只得連環圖畫組佳作。但他的才華已引得洪德麟等漫畫界人士注意。

當時鄭問才二十五歲，未婚，復興美工（雕塑組）科班出身，社會打滾了幾年，雖懂畫能畫，卻未曾在媒體發表過漫畫。連載須定期交稿，時周與畫家都沒經驗，累積了幾期稿量才放心開始連載。

連載期間鄭問都能如期、如質交稿，也交得瀟灑。他總是親自到時周辦公室，向編輯打聲招呼，說一句「莊先生」，莊展信看他一下，他放下稿件，然後就走人，沒有對話。莊先生始終以為他不怎麼多話，直到最近看了鄭問生前接受媒體訪問稿，才發現他還挺能說的啊。

《戰》第一部連載甫完畢，不到一個月，時報出版公司即出版合訂單行本。售完後並未再刷。據說來不及收藏初版的粉絲苦等多年，忍不住直接跑去出版社建議，希望再刷此書，卻被鄭問拒絕。更甚者，鄭問一九九八年接受日本講談社採訪時說：**「真希望看過它（戰士黑豹）的人都消失在世上，因為，我畫得很差，覺得很丟臉。」**不滿意此作到如此程度。它是連作者都不願其存在的作品，相信如果把存世所有《戰》都集中在鄭問面前，他會放一把火燒了？果然二〇一二年接受博客來訪問時，他已忘了《戰》出版過單行本。

但是在當年讀者眼中，《戰》是多麼酷炫的臺灣原創科幻漫畫，哪會很差？轟動臺灣漫畫界，打開鄭問漫畫生涯的第一部大作，怎會丟臉？

鄭問要滅口也來不及了，我就是看過《戰》的人。那個年頭，全臺灣所有咖啡廳、茶藝館、理髮廳、美容院一定會擺一本時報周刊，我只要看到周刊就先找黑豹讀，斷斷續續看過幾期，前後次序也亂了，始終無法窺其全「豹」。

與《戰士黑豹》單行本結緣並非前輩高人相贈，也不是舊書店奇遇，只是一次日常逛書店行程。八〇年代後半，臺北市西區，我走進時報出版社門市部在平臺上發現一大落久違的《戰》。壓根兒沒想到時報會出單行本，心想，總算可以從頭到尾讀完整個故事，遂買下一套。不料此後即未曾在任何新、舊書店見到它。早知道如此珍稀難遇，絕對會把那一大落全買下。

這部夢幻逸品在我家小劍花室藏書裡屬於「最高度管制」級，搬家幾次不曾拋棄，祕藏櫃中，只有親臨書房的漫畫同好才有機會瞧瞧，至今看過的人不超過三位。最近許多回憶鄭問的文章、年表或新聞稿把《戰》問世年份誤定在一九八四年，而論者幾乎只評論《刺客列傳》之後的作品而略過此作不談。藏有此套作品的我、又號稱寫書話的人，不能沒有作為，有必要向未曾見過此作的讀者介紹黑豹的身世與逸事。

長篇連環科幻漫畫《戰士黑豹》總共兩部。第一部第一回於《時報周刊》第二八八期（一九八三年九月四——十日）登場，第三〇七期（一九八四年一月十五——二十一日）結束，共二十回。第二部自三一八期（一九八四年四月一——七日）開始連載，至三三九期（一九八四年八月二十六日——九月一日）止，共二十二回。每回刊出六頁，第一頁為彩色頁，餘為黑白。算來《戰》在時周足足刊登一年。

《戰》一、二部成功後，繼續於時報周刊連載劍仙武俠《鬥神》與科幻長篇《裝甲元帥》。

時周第二八八期封面女郎是陸小芬，但整張封面最顯著標題是「**科幻漫畫長篇鉅構 戰士黑豹 鄭問傑作．本期起推出**」。戰士黑豹四字粗大濃黑醒目，等於是當期頭條。

第一部於一九八四年二月十六日出版合訂單行本，副標題「時報周刊連環圖畫 時報漫畫系列生活類」，一套三冊，每冊新台幣二十五元。若不計目錄頁、廣告頁、版權頁，則上、中冊均為四十二頁，下冊三十七頁。長寬二十六．一乘十九．三公分。封面、封底為彩色，內頁全採黑白印刷，因此連載時的彩頁也改為黑白，十分可惜。時報並未出版第二部單行本，要等到二〇二二年三月底，終於由大辣出版社出版。

此為鄭問發表第一部長篇作品，也是臺灣漫壇一顆震撼彈。黑豹問世之前，臺灣漫畫已陷入二十多年黑暗期。

歷經四〇年代的戰亂，臺灣社會進入五〇年代後，雖然仍處於「動員戡亂」狀態，畢竟局勢漸趨穩定，想反攻什麼的也得先安頓生活、埋鍋造飯。而生活再苦也不能沒有心靈寄託與休閒，惟可供全民休閒的娛樂不多，漫畫不需太多文字鋪陳又能突破語言藩籬，買報紙或租小人書花不了多少錢，倒是很好的靜態消遣。況且對執政者而言，漫畫也是宣傳政策、灌輸意識型態的好工具。於是渡海來臺與本土自有的畫家紛紛在報紙與期刊施展身手，謀生謀利。就這樣一路蓬勃發展走到六〇年代，小說漫畫租書店遍及全臺，中小學生幾乎人手一冊漫畫，為臺漫全盛期。但物極必反，漫畫太好看了，尤其是天馬行空、刀光劍影的長篇武俠連環漫畫，學生為此廢寢忘食、荒殆課業或離家出走、入山尋仙拜師時有所聞。在那威權時代，全民沉迷的東西絕對犯當局禁忌（怎麼可以比總裁更有魅力？比黨更有影響力？）遲早嚴厲整頓，何況是「內容荒誕不稽，殘害我民族幼苗」的漫畫？

六〇年代中期，正職是編輯中小學教科書的國立編譯館，依據《編印連環圖畫輔導辦法》嚴格審查本土漫畫，太陽向日葵犯忌、狗不該說話、機器人不該自己動，只有反共復國、教忠教孝、倫理道德為主題者才能倖免。當時漫畫小讀者不見得知道行政院長是誰，但一定知道編譯館館長王天民、熊先舉大名。因為每一本漫畫書後面都要印上館長具名核發的連環圖畫審定執照。

風聲鶴唳之下，漫畫家們不敢畫、不能畫、不爽畫，棄筆、轉行、凋零。趁著臺漫被掃蕩整頓，無人無書的空窗期，無良書商隔海盜版日本漫畫殺入市場，大作無本生意。內憂外患夾擊，臺灣本土漫壇一片死寂，奄奄一息。直到八〇年代初期才等到「一狗一龍」帶來一絲久違的黎明曙光。

敖幼祥於報紙連載的《超級狗皮皮》（民生報）與《烏龍院》（中國時報）超級爆紅，找回許多漫畫讀者，不過《狗》與《龍》都是逗趣搞笑單元漫畫，每則約四到五格。直到一九八三年黑豹問世，臺灣才等到久違的、內涵與技法俱足的現代大長篇漫畫，更難能可貴是能與日本、歐美匹敵的「大人向」漫畫。戰士能劍劈開黑暗昏濛，闢拓一條日光大道，一群新漫畫家紛紛跟隨其後推出長篇連環漫畫。不管鄭問本人怎麼評價，《戰》的問世及存在本身，在臺灣漫畫史上具有劃時代意義。莊展信先生認為此作對鄭問以及臺灣人的影響很重要，用意在此。

只可惜歷經「嚴審」與「盜版日漫」殘害，漫畫血脈已經斷裂，敖幼祥、鄭問不是任何一位臺灣漫畫大師的嫡傳，龍、狗、豹都是從石頭裡迸出來的時髦產物，八〇年代臺灣漫畫復興並非傳承自五、六〇年代漫畫，一切都是新的，敖、鄭等新漫畫家們是憑自己雙手從幽暗斷層裡掙扎爬出。

鄭問少提、避提《戰》，不料二〇一二年七月他生前最後一次接受訪問時倒是提了幾句：**「我那時候畫的是科幻題材，當時最紅的就是《星際大戰》，我就把光劍改一改，加一些臺灣的背景，例如八卦山、野柳的女王頭……結果這篇《戰士黑豹》反應很好，因為那時候日本漫畫再好，也不可能畫臺灣的背景和題材，所以反應還不錯。」**（引自博客來OKAPI訪談稿）此作確實有挑戰日本漫畫的企圖。它的題材、架構、格局，敘事方式都類似日本漫畫。而他說的「改一改、加一加」聽起來很簡單，其實事情並沒有那麼簡單。

查《星際大戰：絕地大反攻》於一九八三年六月二十五日在臺北上映，相信鄭問動筆時已看過全部初代三部曲。他確實從中得到不少靈感，有一格甚至把黑武士維達、帝國戰艦與死星照實畫進去。不過，鄭問並沒有全盤抄襲，而是藉星戰世界觀為基底發想，揉合臺灣地標、中國劍仙、港式打鬥、童話神話、太空科幻等元素再改造擴展。

《戰》的世界觀很簡單：遙遠的宇宙星雲受黑暗帝國統治，可抗衡邪惡的戰神智者將冬眠萬年，須找人接班，遂飛來地球抓走一無辜年輕人，訓練他速成戰士黑豹，與女王聯手率領盟軍對抗黑暗王。是的，這幾乎也是星際大戰《曙光乍現》的大綱。可以再深入比較星戰與黑豹的異同：

《戰》故事發生在離地球十五萬光年的麥哲倫星雲，「一個很遠很遠的地方（星戰片頭字幕語）」。男主角來自臺北，於是故事舞臺遙遠的星雲與臺灣臺北有了聯繫，成為一個「絆」。黑豹念茲在茲的也是如何克服十五萬光年距離回到家鄉地球，在他心中這件事比打倒黑暗王還重要。此外，故事時間設定為「現在」而不是「很久很久以前（也是星戰片頭字幕語）」或「以後」。整整二十回故事發生的歷時「長度」卻又只在臺北年輕人昏倒及醒來一剎那之間，八眼說是「次元世界定律」，要說是相對論也行，說是超能力也行，說是玄機禪理也行，總之巧妙玄奇，惟星戰系列沒有這樣的時空觀。

角色設計方面，反派帝國頭號殺手「黑上尉」類似星戰黑武士，不過比不上黑武士那麼深沉恐怖，戲份也不多。帝國殺手士兵造型倒有八成像星戰帝國風暴兵，而其排場、效率、功用與開槍命中率則是十成像。星戰帝國最終兵器是死星，而黑暗王最終兵器是黑洞。死星尚可攻破，黑洞非常棘手。

維持星際平衡的智者暨戰士「八眼」有如尤達大師，美麗的仙女星女王可類比莉亞公主，但女王並非等待英雄援救的弱女子，她是防禦型超能者。對抗帝國的盟軍由各種奇形怪狀的外星人組成，造型比星戰反叛軍更離奇，例如「大嘴巴」是一張大嘴長在一隻小腿上；木頭星人就是漫畫家常用的素描模型木偶，還自己懸線操控自己；盟軍指揮官的頭有四張臉等等。

機器人「小眼」負擔起 R2D2、C3PO 的角色，接引、導覽、陪伴黑豹。但是它的圓球體造型可能係參考日本《機動戰士》系列最強不敗機體「哈囉」。

地球青年有如塔圖因星球上，純真的路克天行者。經過教導，路克成長為絕地武士，青年則成為戰士黑豹。戰士黑豹如同絕地，天賦異稟才能擔任。能劍襲自星戰光劍，但星戰絕地的光劍是科技產品（而且是量產品，簡直到處都有），雖然僅絕地有資格配帶，但本質就是一支金屬劍柄，吐出高能光電劍身，任何人都可以按下開關使用。《戰》盟軍藍將軍的「鈦製能劍」就是星戰光劍的翻版。而戰士黑豹的光劍稱為「能劍」，全宇宙只有三把，必須依靠戰士本身修為才能啟動，造型是一彎光弧，並無實體劍柄劍身。修煉到最高境界時可以「揮舞時脫離劍型，並能隨意志驅動」。

除了與星戰系列電影比較之外，還可以從許多角度來欣賞《戰》，以下一一分析：

臺灣背景：

八眼為了「綁架」年輕人，跨越時空飛到臺北，途經蘭嶼（拼板舟）、彰化八卦山大佛、故宮博物院、西門町中華商場。結尾把黑豹送回臺北，又途經澎湖跨海大橋、高雄旗山濟公大佛、臺中公園、西門町中華商場（可辨認出《天才與白癡》電影看板及精工錶霓虹燈座）、國父紀念館（所以黑豹可能就住在光復南路以西、延吉街附近）。

盟軍發動決戰前夕，黑豹懷想起故鄉的關渡大橋；黑豹與黑暗王決戰時，落於下風，昏迷時想起一定要回去的美麗故鄉，畫面上出現疑似春秋閣的雙塔及基隆中正公園觀音菩薩大神像。

女王為了守護黑豹，來到北海岸（出現了一支衛生署的噪音分貝計）化身為野柳女王頭。

大致帶到了臺灣南、中、北暨離島重要地標，凸顯本作的臺灣味，讓臺灣讀者與作品產生地緣感情，等於向世人宣告此乃正宗臺灣漫畫，這是鄭問得意之處。這些景點現在都還在，唯一不在的是中華商場。

中國劍仙：

如同有人評論星際大戰《曙光乍現》電影是科幻片的皮，西部片的骨；我認為《戰》漫畫也是科幻的皮，劍仙武俠的骨。

八眼進入冬眠的程序是由老頭而退化成小孩、嬰兒。老子《道德經》很重視「嬰兒」、「赤子」，例如：「專氣致柔，能嬰兒乎？」「我獨泊兮其未兆，如嬰兒之未孩」「知其雄，守其雌，為天下溪。為天下溪，常德不離，復歸於嬰兒」「含德之厚，比於赤子」發展至道教修煉內丹，則出現「元嬰」的觀念，通過服氣胎息的修煉，在人的腹部凝結成類似胎兒的狀態，再發揮想像力，就變成將「元神」修煉成嬰兒模樣，可以脫離肉身，出竅飛昇，因此常被後世蜀山劍俠一類劍仙武俠小說借去用。

黑暗王施展能劍的曼妙動作，應是結合敦煌飛天仙女、民族舞蹈、現代韻律體操而來。一把能劍繪成時而彩帶似的，時而像呼拉圈。而驅動能劍可「揮舞時脫離劍型，並能隨意志驅動」，這是武俠劍仙吐出劍光，御劍殺敵的概念。能劍已經沒有劍的形狀。也難怪不久之後鄭問就創作出《劍仙傳奇》、《鬥神》兩部劍仙武俠漫畫。

港式打鬥：

臺灣出現過武俠漫畫，數量非常多，但極少擊技漫畫。即使有，也不夠好看。八〇年代初的鄭問想繪製生動有勁的武打擊技，恐怕還是要向日本、香港學習。而香港漫畫在武打擊技這一塊，也是從日本偷師一些技巧進行改良，從七〇年代至八〇年代初已發展到一個階段。如果說港漫主流就是武打漫畫應該不誇張。黃玉郎七〇年代的《小流氓》、《龍虎門》，八二年的《如來神掌》；馬榮成八〇年的《中華英雄》數來都是經典。之後的港漫武俠大致依據這幾部作基礎一路打殺下去，遂建立繁盛壯大的漫畫皇朝。《戰》的打鬥場面，不論是人物動作之出拳、踢腿、閃躲，分鏡分格、透視構圖、各種效果線運用，那種爆氣魄力明顯具有濃烈的港漫風格。即使九〇年代著名的武俠大作《阿鼻劍》，在武打動作方面也仍然具有港漫風格。但是《阿鼻劍》的銳意創新與豐盛成果反過來影響港漫畫師們，成為案頭創作範本，參考襲用裡面的武打招數，進而促成二十一世紀的鄭問和港漫武俠合作，此是後話。

童話神話：

第三回女王登場，女王自一朵玫瑰花苞中甦醒。雖然劇情沒有交待她為何睡在花苞裡，只知她「星球被毀、父母雙亡」，隱約是與牛頭星大戰失敗有關。從花苞中甦醒／誕生應是從童話《拇指姑娘》借鏡。

第七回為了拯救八眼，必須到生命之星的魔洞找生命水。魔洞山方圓一百公里，有一百〇八個洞口。魔洞內生命泉由牛頭人身的「牛魔」看守，被他石劍砍到的人會變成石像。迷宮、牛魔、化石、生命泉都是源從希臘（克里特島迷宮與米諾陶）、北歐神話的概念。

太空科幻：

這部分不再囉嗦，只舉一個例子，第一回各類外星人抵達超能星找八眼開會，他們搭乘的太空船造型與電影《二〇〇一太空漫遊》的發現號幾乎一樣。

人物描繪：

鄭問接受講談社訪問時，說《戰》「這部作品受池上遼一先生的影響」。看《戰》男女主角的臉部五官，確實有幾分池上風，尤其是眉目之間、鼻子旁的暗影與緊抿的嘴型。有戰鬥戲份的男角都具有健美線條、筋肉畢現；重要女角如女王與黑暗王穿著布料少少的馬甲、比基尼，展露曼妙性感身材，這點也很像。池上遼一除了早期的《蜘蛛人》之外，後續作品如《I・餓男》、《男組》、《男大空》等，畫風漸臻成熟，動作更加流暢，已登大家地位。尤其比《戰士黑豹》早八個月問世的《星雲兒 聖・少年戰士傳》（《週刊少年 Sunday》一九八三年一月十九日新春特大號開始連載）更是他少見的星際科幻長篇，不知道鄭問是否讀過這部作品？

還有一個人物也影響鄭問。鄭問弟子，漫畫家鍾孟舜先生說過，鄭問一生崇拜美國奇幻派畫家法蘭克·法拉捷特（Frank Frazetta）。法拉捷特作品風格是暗背景、重油彩、原始野性、高壓氣氛下突顯對峙的魔獸、戰士與裸女。看《戰》的彩色頁，例如「半裸戰士持光劍破土衝出」或猛男抱美女、美女騎猛豹，粗曠魄力，明顯學習法蘭克·法拉捷特這一派。

《戰》最厲害的創意應該是戰神智者八眼的設定。他的造型空前絕後。剛出場時只見兩位老者手抵手、體連體、飄浮空中沉思交換意見，結束後二人手掌分開，腰一展，手一伸，放下撐地，其中一頭收至軀幹後，現出一尊老者立像，一顆長頭顱上睜開八隻眼睛。原來八眼真的有八隻眼睛，而且有兩頭四手，其中一雙手就是他的雙腳，另一顆頭則可以收納起來，奇哉！怪哉！他前往地球不需要搭飛行器，腰一彎，四手相連，頭背頭，成一舟狀，自己就飛越宇宙十五萬光年，奇絕！

技法材質：

在技法面，《戰》仍使用傳統的沾水筆，爾後驚世的水墨毛筆、牙刷噴點、打火機烘烤作畫法、砂紙、報紙、塑膠袋等媒材尚未發想出來。可能是印刷成本有限，用墨與紙質均陽春，看單行本時總覺得紙張薄、畫面灰濛淺淡，但是參觀故宮「千年一問」特展見到原稿，雖然是三十五年前的繪畫，其墨色仍保持沉靜厚重，線條分明可辨，與單行本大不相同。「千年一問」展出《戰》一張彩頁、一張內頁。彩頁係單行本上冊封面，三十二乘二十五公分，義大利水彩紙，顏料為水彩。內頁五十四乘三十九公分，肯特紙，顏料為墨。

讀過《阿鼻劍》、《東周英雄傳》與《深遂美麗的亞細亞》之後回頭讀《戰》，很難相信是同一人的作品。《戰》的人物線條稚嫩，動作仍嫌僵硬，比例偶爾失真，畫面太擠，同頁內分格太多，分鏡略凌亂。初試啼聲難免拙滯，畫技是可以磨練的，事實證明鄭問一日千里，進步很快，甚至可說是「進化」。他始終在思考如何創新，逐步脫離日本與港漫的影響，畫出自己的天地。《戰》之後才歷練幾部作品就跳上生涯技術最高點。

最大缺失還是在編劇。上集是英雄召喚、步上旅途與集結盟友，中集與魔頭首次交鋒為決戰鋪路，下集是盟軍大反攻、到達終點與英雄歸鄉。線性劇情、平板人物、老套劇情，了無新意。還有大BUG是八眼戰神說要冬眠五萬年，結果睡沒幾天就醒了。女王是防禦型超能者，但也沒有施展過能力。

可能為了配合連載，每一回都必須有賣點有熱鬧，於是刻意製造噱頭，幾乎每回都會出現新的人物、每回都有戰鬥武打，用一場場打鬥帶動劇情，卻疏於照顧劇情合理性，無力探討人物背景、性格、行為。唯一亮點在於，突然出現的藍將軍與女王熟絡親密，可能是黑豹的情敵，黑豹為此吃醋耍脾氣，這個小小的過場橋段，看似無聊，反而是全書塑造主人翁性格最好的一段。

以後見之明歸納，鄭問頗擅長編撰短篇故事，例如黑豹之後《最後的決戰》與《劊子手》就寫得好。《最後的決戰》鋪陳兩雄雙劍廝殺，由抗爭轉而合作，由合作轉而認同，最後是兩顆同源同流的心智對戰，決戰結果反襯戰爭鬥爭的荒謬虛無。《劊子手》用短短十五頁篇幅描寫兩代隔閡、父子深情，探討慈悲情懷與殺戮行動對立。這兩部比黑豹精進許多。讀者最熟悉的《刺客列傳》與《東周英雄傳》篇幅雖大，其實是短篇合集，篇篇珠玉，可當圖像小說看。

但是寫長篇就不行，無法駕馭。例如《裝甲元帥》可能是邊畫邊想劇本吧？推測原本故事架構應該很宏大，架構拉到宇宙戰爭視野，主角小男孩可能有不得了的身世云云，不知何因卻腰斬草草結束。讀者讀完最後一格的心情應該與裝甲元帥殘肢零件在雨中被汽車輾過時一樣吧？後來《阿鼻劍》有出版文化人馬利專任編劇，鄭問鬆了一口氣，可以專注於繪圖。到大長篇《深邃美麗的亞細亞》時，自行編劇再度發生劇情結構失衡，收尾不盡理想的狀況。

以上用編劇能力來檢討漫畫家確實苛刻。臺灣漫畫家一向身兼編劇、導演、演員、美術多職，但是現代歐美日漫畫產業大國係請專業編劇與漫畫家搭檔，各司其職才是正途。

研究《戰》誕生前後時期的鄭問，有個小問題困擾我。鄭問及所有專家學者都提到他曾經參加過一場全國漫畫比賽，只得到佳作。問題是，這是什麼比賽？誰主辦？於哪一年舉行？冠軍是誰？問題雖小，卻與《戰》的誕生有很大關聯。

第一個說法：一九八三年，參加「全國漫畫比賽」。之後才畫《戰士黑豹》。

> 一九八三年四月十六日，鄭問創作的第一篇漫畫，獲得中華漫畫學會主辦的「全國漫畫大賽」佳作。（鄭問大事紀，《人物風流：鄭問的世界與足跡》，大辣出版社，二〇一八年五月三十一日出版）

鄭問自己的說法：「**我第一次畫漫畫，是為了參加漫畫學會主辦的新人漫**

畫比賽。當時畫的是像鳥山明先生《怪博士與機器娃娃》的東西，不是我的畫風，所以只有得佳作。之後我投稿到《時報周刊》……」（鄭問談自己與繪畫，一九九八年講談社訪問，《人物風流：鄭問的世界與足跡》）

「我是從新聞局主辦的漫畫新人獎出來的。說起來很丟人，那一屆我才拿佳作。大部分參展的作品風格是像《七龍珠》那樣的人物造型，所以只得了佳作。但說實話，那一屆第一名是誰我都忘了。」（鄭問生前最後一次訪談，二〇一二年七月十九日，博客來 OKAPI 訪談稿，《人物風流：鄭問的世界與足跡》）

「我會畫漫畫，主要是看到了漫畫學會舉辦比賽的辦法，畫了幾幅就去參加了，結果雖只得個佳作，卻給了我極大的鼓舞，讓我隱藏許久的繪畫潛能都激發出來了，而正巧那時候電影『星際大戰』又給了我極大的衝擊，於是才會有戰士黑豹的誕生……」（劉還月訪問鄭問，《歡樂漫畫雜誌》一九八五年十月十六日出版試刊二號）

時序上符合，似乎可以定案。瑕疵是兩次訪談提到的主辦單位不同。可惜他忘了第一名是誰，否則可以與其他資料比對。然而，諸多漫畫史料又出現以下第二說，儼然是主流。

第二說：一九八四年，參加「全國漫畫大擂臺」。

周文鵬：「一九八四年，中華民國漫畫學會與中時報系（中國時報、時報文化）、世華銀行文化慈善基金會、中華電視公司聯合主辦『全國漫畫大擂臺』，賽事分為單幅漫畫、單元（即分隔類）漫畫及連環漫畫三大類，前兩類分設成人組、青少年組及兒童組。」「麥仁杰（連環漫畫・冠軍）……鄭問（連環漫畫・佳作）」（《讀圖漫記》，國立交通大學出版社，二〇一八年一月二十五日出版）

鄭問大事紀：一九八四年，「全國漫畫大擂臺」比賽登場，第一名為麥仁杰。

維基百科「全國漫畫大擂臺」條目：一九八四年，「麥仁杰（連環漫畫・第一名）……鄭問（連環漫畫・佳作）」。

台北市立圖書館網站，「讀漫畫史」網頁亦將全國漫畫大擂臺記為一九八四年。

比較說法一與說法二，相同之處在於鄭問參加了漫畫比賽得到佳作，不同處主要是年份。說法一，一九八三年四月得佳作，九月周刊登載黑豹，合情合理；而說法二，一九八四年參賽，頗可疑。

黑豹是一九八三年九月起，每週見刊，一部、二部接著連載下去，延續到一九八四年秋天鄭問都在畫黑豹，怎麼有空在一九八四年參加「全國漫畫大擂台」比賽？況且在《時報周刊》已正式出道了，可能再參加新人獎比賽？顯無必要。第二說可能搞錯年份。

我向當事人麥人杰先生請教這個問題，卻得到意外的答案（或者沒有答案）。他已經不記得當年漫畫比賽得冠軍的年份，他倒是很訝異，怎麼可能鄭問與他同組還只得佳作而已？鄭問應該是評審吧？於是又衍生一個新問題，鄭問與麥人杰恐怕不是參加同一個比賽？難道八三年有一場，八四年也有一場？如果說法一正確，那麼絕大部分漫畫史料都錯了。八四年那場比賽規模浩大，得獎名單應不致於寫錯，讓沒參賽的鄭問得到佳作。若說法二無誤，我又難以理解鄭問為何且如何參加比賽？也無法理解正在畫黑豹的鄭問功力只得佳作？會用鳥山明風格參賽？而且也與鄭問自己的回憶不符。恐怕在白紙黑字的原始史料（例如一九八三年或一九八四年「全國漫畫大擂台」簡章與得獎名單）出現之前，無法釐清這個謎團。

鄭問先生過世後，經由弟子、友人、家人、相關機關努力，終促成於逝世一年後，在臺北故宮博物院圖書館文獻大樓開辦個人展覽「千年一問」，展期自二〇一八年六月十六日至九月十七日。他是破天荒首位在故宮辦個展的漫畫家，開幕當天自總統、部長以下冠蓋雲集，日韓漫畫家川口開治、王欣太、尹胎鎬親到現場致敬，身後哀榮極矣。

原本「千年一問」不展出《戰》畫稿，因為策展人／鄭問弟子鍾孟舜知道鄭問生前悔其少作，如果展出黑豹，會不會惹他不開心？但是許多粉絲讀者及故宮官方都關切黑豹參展問題，如果無視這部作品，鄭問創作歷程會缺少重要的一塊，此展勢必失色。《鏡週刊》報導，在鄭問忌日三天前（三月二十三日），**「鄭問太太、鄭問長子鄭植羽與鍾孟舜，帶了鄭問生前最愛的焦糖瑪奇朵跟千層蛋糕，到鄭問的塔位前「說服」鄭問在故宮展出《戰士黑豹》一事，最後是由鄭植羽用硬幣「擲筊」請示父親，而鄭問也答應了，《戰士黑豹》原稿畫作確定會在故宮登場。」**固執的鄭問終究接納《戰士黑豹》了。

動漫畫家麥人杰卻看到風光盛景另一個面向。他在接受媒體訪問錄影時為鄭問抱不平，態度平和，語氣嚴厲：「**鄭問，首位進入故宮的漫畫家，你一定**

要等他過世嗎？他在的時候故宮不能展嗎？他在世的時候你不能肯定他，你看不出來嗎？你得等他死了，然後所有的人才說哇這個人多重要他多棒啊臺灣之光啊。又來了。」多麼直接、沉痛的發言，也是為廣大的臺灣漫畫家抱不平。我不禁反省自己，身為讀者，支持本土漫畫家的程度又到哪裡呢？能不汗顏？

不能趁漫畫家還在的時候，就給他應有的榮耀嗎？衷心希望下一位臺灣漫畫大師不必親人「擲筊」請示，可以親自挑選作品，風光地、大步走進國家級殿堂為自己的個展剪綵。

（原載二〇一八年八月二十二、二十三日《中國時報》人間副刊）

第二章

奇想天外與浮世哀傷的日本文學

1

人工智慧寫小說的那天：星新一其人與作品

二〇一六年三月初，人工智慧 AlphaGo 以四勝一敗戰勝韓國圍棋九段高手李世乭，引發世人關注人工智慧高深的計算能力。它已非只會「撿土豆」的吳下阿蒙。

相較於 AlphaGo 轟轟烈烈搶占媒體版面，另外一則相關新聞卻被世人忽視。二〇一六年三月二十一日，《日本經濟新聞》報導，由公立函館未來大學松原仁教授領導團隊開發 AI 人工智慧「作家ですのよ」（我姑且譯為「作家の優」）及東京大學鳥海不二夫副教授領導開發 AI 人工智慧「人狼知能計畫」，各自寫出兩篇短篇小說，合計四篇參加第三回日經「星新一賞」文學獎，主辦單位公布其中某幾篇已通過第一階段初審。雖然人工智慧作家寫的小說未能獲獎，但 SF 作家長谷敏司稱讚作品工整，一百分可得六十分，並樂見未來發展。

星新一（一九二六——一九九七）本名星親一，出生於日本東京都文京區。父親外出考察見到工廠宣導標語「親切第一」，遂得到靈感給新生兒子命名。

他父親名「星一」，是知名的大企業家、政治家。創立星製藥廠，研發「星胃腸藥」等一百多種家庭用藥，並將外科手術必須的藥用嗎啡與治瘧疾的奎寧國產化，被譽為「東洋製藥王」。進而創設藥學專門學校，即今之「星藥科大學」，並進入政壇，曾當選眾議員、參議員。

星一於一九五一年驟逝，才二十五歲的星親一倉促自研究所休學接管藥廠，因絲毫無管理能力，營運惡化至不可收拾，終於宣布倒閉，轉讓給大谷企業。藥廠收掉後，生一場大病。病床上無聊之餘讀了雷・布萊伯利的科幻小說《火星年代紀》，被空想玄幻的文學世界吸引，對ＵＦＯ、外星文明發生興趣（加入「日本飛碟研究會」（日本空飛ぶ円盤研究会），三島由紀夫、石原慎太郎、德川夢聲、新田次郎都是會員），想藉以逃離殘酷痛苦的現世。學生時代發表過短篇小說，有文才，遂嘗試寫科幻小說。一九五七年在《宇宙塵》雜誌發表科幻處女作〈性愛發生器〉，受前輩作家大下宇陀兒與江戶川亂步讚賞。一九六八年以小說《妄想銀行》獲得第二十一屆日本推理作家協會賞。人生大挫敗反而讓他走上短篇小說大師之路。

他擅長篇幅極短的短篇小說，所謂的「short short」，題材廣達科幻、推理、奇幻、歷史各領域，數量達到一千多篇，可比擬為現代的「一千零一夜」，人稱「掌編小說之神」，亦出版過若干雜文散文、遊記、人物傳記。

「作家の優」系統係星新一女兒授權，由研究團隊利用電腦分析、拆解、統計星新一所有作品文字，學習星新一寫作小說的風格、口氣與能力。它的參賽小說中有一篇即名為〈人工智慧寫小說的那天〉，整個過程根本就是星新一科幻小小說的翻版。

介紹星新一作品風格，不如舉個例。他最知名代表作當屬一九五八年的〈人造美人〉（ボッコちゃん）。曾被英譯刊登於美國《奇幻科幻雜誌》（*The Magazine of Fantasy & Science Fiction*）。

且容我轉述這個故事：

酒吧老闆為招攬生意，製造一尊高仿真機器人「寶子」置於店內擔任女服務生。她外表美艷，智能低弱，回答酒客問題，只能把疑問句改為肯定句而已。例如酒客問：「今天心情好嗎？」寶子就回答：「今天心情好。」

「我這件衣服好看嗎？」「你這件衣服好看。」

「一起去看電影吧？」「一起去看電影。」

心情苦悶的酒客怨男們就是喜歡這種臉美、胸大、無腦、個性隨和沒脾氣不亂語的女人。美女寶子大受歡迎，酒客搶著請她喝酒，她也能喝，只是喝下去的酒又被老闆回收再偷偷賣給酒客，循環不絕，賺翻了。

有位年輕人對寶子動了真感情，買酒請寶子買到欠店裡一大筆債，企圖偷家裡錢，被父親逮到，勃然大怒，給了錢並要求他不准再找寶子。心灰意冷的他抱著錢去酒吧還債並見寶子最後一面。他絕望地問：「我殺了你好嗎？」「殺我吧。」年輕人把毒藥放到酒裡給寶子喝，然後悲痛地離開。

突然收回一大筆懸帳，老闆大樂，請所有酒客喝酒（反正是回收的）。這晚老闆與酒客們都喝得好開心，但隨著時間流逝，暢談喧嘩聲漸漸稀少，終至沒有任何動靜，只剩美麗的寶子環顧四周，等著酒客來請她喝酒。

最早將星新一作品引進臺灣的可能是許希哲的照明出版社。該社於一九八〇年五月初版短篇小說精選集《科幻小小說》，何淑慧翻譯，為「照耀明日的書」

系列叢書第十三種。該書收集小說四十篇，大致已囊括星新一最擅長的科幻、推理、奇想等類型。少年的我拜此書所賜，不但藉以接觸短小精悍的超短篇科幻。（一般知名科幻小說還是以長篇居多），更開眼界接觸日本科幻文學（此前只知歐美科幻），也是我收藏的第一本星新一。從此長期搜尋他的臺灣中譯本。

星新一作品不賣弄文藻語彙，不大發議論，只平平實實地說故事，篇幅不長，這特性意外地使他成為出版商眼中絕佳學習日文的教材。臺灣出版日語文學習教材的權威鴻儒堂即出版過兩本他的小說選集：《盜賊會社》（一九八九年六月初版）與《有人叩門》（一九九六年七月初版）。二者均為中日文對照本，譯者均為李朝熙。《有人叩門》甚至於版權頁強調係「作者授權於臺灣地區發行」。

有眼光的還不只鴻儒堂，現今規模頗大的日語文教材出版社「笛藤出版圖書有限公司」早於上世紀八〇年代中期就翻譯出版星新一作品集，一九八五年十月三日出版系列第一冊《惡魔的天空》，譯者李菁薇，隨後陸續出版共一一冊，其中包括星新一少見的長篇科幻《聲之網》（譯者林華芷，一九八六年四月十一日初版），最後外加一冊星新一選編的多人合集《日本極短篇傑作選》（譯者林華芷，一九八六年八月十二日初版），每一篇都是濃濃星新一風格。這套笛藤版譯本雖然不是星新一全集，但已經是八〇年代臺灣出版界翻譯發行日本單一作家文集罕見的大手筆。當時臺灣書市大概只有川端、三島、谷崎、松本清張、赤川次郎才有這等規模待遇。村上春樹才剛出道而已。

二〇〇六年，笛藤出版選集《馬戲團之旅》、《平安夜插曲》，中日文對照，附情境配樂日語朗讀MP3光碟。直到二〇一七、一八年，仍然需要星新一教日文，出版新的選集，紙質更好，印刷更精美，命名為《日本奇幻短篇集Ⅰ、Ⅱ》。

星新一作品臺灣中譯本尚有多種，例如：

林白出版社：《跟蹤》、《撒旦的遊戲》

星月書房：《鞦韆的遠方》

張合富翻譯、發行：《異想天開》

皇冠出版社：（日本金榜名著）《安全卡》

幼獅出版社：《最後的地球人》

或許尚有遺漏未列入。各冊詳細內容，限於篇幅，不再贅述。

當人工智慧作家寫的小說投稿文學獎並通過初審時，現役科幻作家表示樂觀其成。如果星新一還在世上，他一定會把這件事寫成小說：

科幻作家N氏根本不相信AI能夠寫小說，他認為主持人M博士一定是騙子。「那是人類槍手代寫的吧！」但萬一是真的呢？「如果是真的，開玩笑，那以後我不就失業了嗎？只好把「作家の優」幹掉！」

作家N氏偷偷抵達北海道函館，於某個夜黑風高的夜晚，攜帶電鋸榔頭鹽酸等破壞性工具潛入ML大學工學院「作家の優」研究室。他躲過警衛、避開監視器、撬開鐵門，來到研究室的密室。才一進門，就聽到M博士的聲音：「你終於來了。」N氏心臟差點停掉。但等他看清楚密室內的景象，無法相信自己的眼睛，原來M博士與「作家の優」的真面目是……

最簡單的答案是「外星人」，但是太「方便主義」，一點也不梯突有趣。

我沒有星新一的才能，掰不下去。聰明的讀者，請您代為續完吧。

2

名偵探・石川啄木：《啄木鳥偵探社》

高級知識分子涉嫌殺妓？明治時代東京兩青年，學弟姓石川，無業；學長姓金田一，東大畢，在中學校當老師。石川年紀輕卻是歡場老司機，慫恿未識女色的學長去淺草仲見世附近妓院見世面。妓女阿瀧與二男打過招呼後，接待金田一進她的房間。石川在隔壁房偷聽，惟過程並不香豔，兩人疑似發生口角。金田一離開後，老鴇發現阿瀧喉嚨被短刀刺穿慘死於房內，鮮血漫流。當時妓院內並無其他客人，石川也作證，和死者獨處一室的金田一涉有重嫌。

以上是我無意中在動畫頻道看到，一部日本動畫影集第二集的情節。劇名《啄木鳥偵探社》。

耶？又是「啄木」、又是「石川」，難道穿和服、馬乘袴的年輕學弟是那位到處可見紀念詩碑，作品編入國文課本，公認「日本國民詩人」的石川啄木？

繼續往下看，果然是。另一位金田一，一副西洋正裝打扮，持成穩重，則是啄木在故鄉盛岡，中學時代的學長，日後成為語言學者的金田一京助。

石川啄木（一八八六年二月二十日——一九一二年四月十三日）於一九〇八年五月，第三度來到東京，企圖於文壇爭一席之地。前一年，離鄉渡海到北海道，流浪函館、札幌、小樽、釧路四城，遍歷六個工作，一事無成。究其實，倒也不是完全「一事」無成，在函館單戀如一朵百合花般清麗的女教師橘智惠子；在釧路熱戀耳垂細柔的藝妓小奴。二者後來都成為創作短歌靈感來源。

上京一事全仗京助呵護打點。起先入住本鄉菊坂町赤心館，但無收入，欠繳租金，在京助典當珍貴藏書義氣金援下，於九月六日，有些狼狽地移住本鄉的蓋平館別莊三樓，一間三疊半大的房間。這齣動畫就是以啄木與京助住宿蓋平館時期為時空背景，係根據伊井圭原著《啄木鳥探偵處》改編，一部以石川啄木為主人翁的本格派推理小說。

劇情進到第三集，京助被警方扣押偵訊，他的「歌友會」同人於牛奶廳「菊乳舍」圍聚一桌，推理那天阿瀧房間內發生什麼事、誰是真兇。歌友會同人，也就是詩人們，分別是野村胡堂、吉井勇、萩原朔太郎，一番爭論又引出坐在別桌旁聽的夏目漱石老師、其弟子芥川龍之介及文學少年平井太郎，都是日本文學史上的大文豪（第一集還出現陸軍軍醫總監森林太郎，即森鷗外）。議論紛紜，東拉西扯，簡直是來亂的（有人推理出兇手是貓），其中還是以平井太郎的推理最為到位。不意外，他就是後來以推理小說聞名的江戶川亂步。眾人揣測時，殊不知啄木早已掌握案情真相。

歌人、文豪們嘗試推理辦案，試圖以邏輯重建現場，其思考熱烈、粗糙、浪漫、不嚴謹，一昧尋求答案卻顯露更多破綻。那種摸索探求，採集打造，就好像他們身處的時代，事事物物剛起步，雖立足不穩，卻急欲向西方看齊的文明開化。詩人能作偵探的工作嗎？劇中的啄木有一個看法：「或許歌人（詩人）與偵探，是共通的。歌人日夜鍛鍊感性，不放過事物一絲一毫的微小變化。將其拾取吟入歌中，從風花雪月之景，到人們的服裝舉止，乃至表情的變化，從人們不放在心上的瑣碎小事中尋找出故事。」「如果歌人吟歌，那麼偵探品吟的就是現場。」詩歌的天才，就是偵探的天才。作詩即辦案，辦案即作詩，言之非常有理。

啄木偵破第一集的「舉發信」案後，認為自己頗有解謎天分，加上阮囊羞澀，索性在宿舍門口掛起招牌「啄木鳥探偵處」，接案營業。如同一朵浮浪雲的石川啄木成了帝都私探，老實憨厚如牛的金田一京助則被迫擔任助手。就此展開故事。

提到啄木鳥，可以談談啄木與京助姓名的逸聞。

啄木本名「石川一」。盛岡中學校時期，曾以筆名「石川翠江」發表詩作。一九〇二年，十七歲的他用「石川白蘋」筆名發表一首詩於十月一日的《明星》雜誌。《明星》乃名詩人與謝野鐵幹一九〇〇年創辦於東京的月刊文藝誌。東北鄉下高中生詩作可以登上帝都最新潮的文藝雜誌，即使放到現代來看，也是很了不起的事。畢竟小學第一名畢業，曾被鄉民譽為「神童」。他也覺得自己文學才能頗高。

一九〇二是影響啄木一生際遇重要的一年，因為數學考試作弊事件，脾氣倔強、自傲自尊的他主動退學，離畢業僅剩半年。高中學歷都沒了，更別說之後的大學。一介書生拿不出一個像樣的學歷，又無特殊專長或家世背景，在當時社會根本吃不開，「退學事件」令他後半生吃盡苦頭。

退學後的十月底，上京闖蕩。這是少年人的天真。不過，見到了一向賞識他的與謝野鐵幹、晶子夫婦。一九〇三年二月，又貧又病，被父親帶回故鄉休養。養病期間持續寫詩，發現詩的新調韻律，以「處於林中」為主題寫出五篇詩寄給東京的鐵幹。鐵幹將五篇彙成一組，取名《愁調》發表於十二月號《明星》。鐵幹見詩中常出現「啄木鳥」一詞，遂建議他把筆名改為「啄木」。「石川啄木」之名由此而來。「翠江」、「白蘋」都屬雅緻陰柔的名詞，說是女詩人筆名也通。而「啄木」卻是令人覺得新鮮、振奮的動詞，確實比翠江白蘋更超凡。「啄木」讀音「Taku boku」，響亮好聽，連押兩個「ku」也略顯可愛。不過，啄木的下半生果然好似啄木鳥，為了生活、事業、一口飯，連續不停地用腦袋去撞擊堅硬的現實世界。亦為一讖乎？

臺灣人不熟悉的人物，啄木的學長、恩人，東京帝國大學教授金田一京助，讓人聯想橫溝正史筆下名偵探「金田一耕助」。二者確實有關聯。橫溝《本陣殺人事件》出場的偵探係借用劇作家菊田一夫為模型描寫，原本想取名為「菊田一某某」，惟與原型本人太接近恐怕失禮，作罷。橫溝住東京吉祥寺時，街坊鄰居裡有一位金田一安三先生，正是學者京助的親弟弟，引發靈感：「金田一」與「菊田一」發音近似，再把「京助」也借來轉個音，於是名偵探遂命名為「金田一耕助」。感覺京助之「京」比較貴氣，而耕助之「耕」下接地氣，頗適合這位偵探不修邊幅、任性自然、到處旅行的形象。

京助的兒子金田一春彥曾經說過，世人常常把他家姓氏「金田一」錯以為是「金田」，拜小說之賜，「金田一」響噹噹不再是僻姓，舉世皆知，要感謝橫溝先生。

雖然動畫劇集主題是各種奇案推理：通天閣鬧鬼、蝙蝠怪人失事、人偶殺人、兩分銅幣祕密、男裝麗人、閣樓偷窺狂、臨河密室殺人、連續殺人魔「告密者X」等等，編導同時也不忘塑造主人公啄木及一班詩友的性格形象。萩原朔太郎多情敏感，芥川龍之介偶發智慧短語近似冷笑話，若山牧水嗜酒豪邁，吉井勇損友吐槽。比起探案，我反而喜歡啄木、京助及詩人們為友誼情義奉獻、爭吵、冷戰、和解、相挺、看上同一位女生等等往來互動。詩人文豪們都畫成美男子，再加上片頭裡成對出場，喝酒吃鍋率性地脫光上衣橫陳一室，以致有人誤以為是「腐番」。啄木不斷出槌虐心，京助無悔地包容付出，也讓人誤以為是BL劇。但不是，真實或劇中的啄木絕對喜歡女人。

動畫版啄木個子不高，一頭灰白色頭髮，模樣慧黠又不失可愛，京助描述他：「英姿颯爽、愛說謊、調皮、愛哭、注重友情、自命不凡、多嘴多舌、愛慕虛榮、喜好女色的酒罈子、個性浪漫的虐待狂、具備先見之明的詩人。」接近真實的啄木形象。

他的短歌都誠實招認了：

「連偷竊這事我也不覺得是壞的
心情很悲哀
可以躲避的地方也沒有」（周作人先生譯）

「曾經讓我低頭的
人都死掉吧
我祈禱」（林水福先生譯）

「笨拙的處世

偷偷地
我當它是驕傲」（林譯）

「心想不再撒謊了——
然而今早——
又撒了一個謊。」（林譯）

啄木的性格真的很差。夠「渣」。

動畫中有一幕，啄木與京助漫步到上野車站，看旅客來去，啄木當場吟出：

「懷念家鄉的口音
到上野車站的人群之中
聽聽那鄉音」（林譯）

京助為之一愣，同為盛岡人，詩中綿密的思鄉情懷激起共鳴。啄木雖「渣」，但是觸景生情，隨賦皆歌，直指人心，絕世詩才撼動京助，讓他心甘情願掏薪水、典當藏書及所有值錢財物，無條件資助啄木。

作者熟讀啄木作品，並巧妙呈現於劇情中。還可以舉兩例。京助勸告啄木，錢別亂花省著用，啄木吟出這首：

「我所抱的一切思想
彷彿都是因為沒有錢引起的
秋風吹起來了」（周譯）

然後繼續我行我素。

最後一集《蒼空》，病重的啄木終究無法回到思慕的故鄉，熟識的同鄉女孩卻不得不離開東京返鄉。心靈傷痕累累的她，躺在啄木曾經躺過的舊城址旁草地，仰望蒼空，讀著啄木寫給她的一紙詩箋：

「在不來方的城址的草上躺著（盛岡古稱「不來方」）
給空中吸去了的
十五歲的心」（周譯）

這首以鄉愁為基底，回憶無憂無慮的年少青春，可以視為啄木對資本主義、帝國主義急速成長後，腐化歪斜的高等資產階級如何摧毀人心、欺壓無產階級的控訴。對照主線劇情「告密者X」懸疑之真相，這幕真是絕妙的收尾啊。

此外，每集劇名也有巧思，第十集《幾山河》就是若山牧水一首詩名。製作單位請到男性聲優淺沼晉太郎為啄木配音，恰好也是岩手縣盛岡市出身，與啄木同鄉。

話說回來，動畫畢竟不是《啄木傳》，難免調整、簡化啄木的人設。劇中啄木與富商談定價錢，把熟識的藝妓讓給對方當小妾，似乎是影射他在釧路寵愛的藝妓小奴，他很大方地把小奴花名與愛戀情事寫進詩集《一握之砂》。此劇的啄木是獨居單身自了漢，因心儀女人含恨死去而自暴自棄。實則啄木抵東京的三年前就已結婚，還生了女兒。上京時，把妻女留在函館託好友宮崎郁雨照顧。自己都快養不活了，並無閒錢匯給妻女安家，就算有閒錢，也是花天酒地再說。閒錢哪來呢？當然是向京助及朋友們借。頹廢了一陣子，一九〇九年六月才接母親及妻女來東京團圓。啄木人生最後四年，其實有三年是和家人一起度過。逝世時有妻女、父親、朋友若山牧水在側。

製作單位考據嚴謹，劇中市井人情風物頗寫實，例如當時人的和洋穿著、提琴洋書、煉瓦街道、路面電車，一派明治帝都景象。而詩人們聚會的「牛奶廳」（ミルクホール〔milk hall〕），乃文明開化之後，應運而生的公共場所。是喫茶店、咖啡廳的前身，有女服務生，窗明几淨，人們可以在此約會、聚聊，喝牛奶、吃點心，甚至可以喝酒。

此劇重要地標「凌雲閣」，位於淺草，高達五十二公尺，十二層西式塔狀商業建築，俗稱「淺草十二階」，是當時日本最高建築物，還裝設日本第一座升降電梯。吸睛話題性等於今天雄踞東京的晴空塔。

臺灣仕紳洪以南一九〇七年訪東京時，曾遊歷該塔，有詩讚曰：

「翹首遙瞻十二階。蟬聯高聳入天涯。
登臨絕頂倚天望。都會風雲壯客懷。」

啄木亦曾歌詠：

「在淺草凌雲閣的頂上，
抱著胳膊的那天，
寫下長長的日記。」（周譯）

凌雲閣周邊形成熱鬧商圈，酒館林立，也夾雜不少娼寮妓院。啄木即是十二階下妓院、酒場常客。某集有藝人利用凌雲閣進行高空凌飛「蝙蝠人」表演，應是符合世情世理的想像演繹。可惜此塔沒撐過關東大地震，損傷嚴重，業主無意修復，將之拆除，今已不存。二〇一八年當地某工程施工，挖到它的磚造地基。

日本全國男女老幼皆知啄木早夭。啄木以肺結核病逝於一九一二年四月十三日。得年僅二十六歲。所以不避爆雷，劇集初始即預告主人公死亡。第一集開頭，已四十歲中年人的京助，手持一冊啄木詩集《悲傷的玩具》緩步爬坡回到當年住宿的蓋平館，追想故人往事。離啄木去世已十年矣。全劇即是京助的回憶。前段還頗歡樂，惟劇情到中後段，啄木先是嗑血，接著暈眩，瘦削惡化，死亡的腳步逐步靠近，故事氣氛也越發沉重。

啄木本欲以「小說」於東京文壇出人頭地。初到東京時，一個月內寫了六篇小說，約三百張稿紙（若是標準稿紙每頁四百字計，就有十二萬字了），可憐無人問津。動畫裡，他攜小說稿請夏目漱石指導，夏目看過後只說了場面話並無特別好評。

「寫了無聊的小說覺得高興的
那個男子多可憐阿，
秋天的風。」—（周譯）

他醒悟於小說才華有限，索性一把火將手稿燒了。看到這幕我亦心痛，這親筆手稿無比珍貴啊。他的才華還是在發明新律、短歌革命，傳統一行歌改為散文式三行，並主張不應受「三十一字」限制。但是寫詩賺不了什麼錢，兩本短歌集的稿費，各只有二十元，約一平凡上班族月薪。啄木一九〇九年三月擔任《朝日新聞社》校對，月薪二十五元。

啄木的短歌詩集有兩冊。一是一九一〇年出版的《一握之砂》，另一即《悲傷的玩具》。他於《一》書前慎重將此集呈獻宮崎郁雨（無條件照顧他家人）、金田一京助（無條件照顧他本人）及亡兒真一（未及滿月夭折）。第二短歌集只能交由他人編輯，病重中簽訂出版契約。據說稿費拿來買藥，隨即去世，藥才喝了半瓶。《悲》集於他逝後兩個月，六月二十日亦由東京東雲堂書店出版。所以動畫裡，京助帶此集置於啄木昔日居室窗台下，供獻予故人。

《悲》集中並無悲傷玩具之詩。此集原稿命名《一握之砂以後》，顧慮讀者可能混淆，編輯土岐哀果從啄木隨筆《短歌之種種》最後一句：「短歌是我的悲傷的玩具」擷取，改名為《悲傷的玩具》。

《悲》集不到三個月即於九月八日再版。惟明治天皇已於七月三十日崩逝，故版權頁之再版年份改掛「大正元年」。時代更迭的巨輪在啄木遺作中留下軌跡。

動畫片尾曲，由女團NOW ON AIR演唱的《貢多拉之歌》（ゴンドラの唄），係百年前大正時代流行歌謠，重新編曲，由青春少女（恰合歌詞中的「乙女」）演繹，先是慢板小調，後轉成快板舞曲，意外地動聽無違和。詞大意是「年華易逝，人生苦短，趁紅唇未褪，熱血未消，青春少女戀愛吧，且視明天不會再來。」恰合啄木人生觀。作詞者正是啄木友人吉井勇，當年此曲出版歌譜，彩色封面由竹久夢二繪製。這首歌曾經被黑澤明用在電影《生之欲》。飄雪的黑夜裡，志村喬坐在公園鞦韆上唱的就是這首。

困頓窘迫的苦難、無法拓展的事業、步步進逼的病痛，思鄉、兒逝、母亡，各種艱難交逼。啄木面對如此人生，仍以詩歌頌之嘆之傷之，以啄木鳥之姿連擊猛撞，探求生命的自由，寫下生命最真誠的紀錄，愛恨分明，直至生命成為乾燥的一握之砂，悉悉索索地自指間滑落消逝。這何嘗不是「生之欲」最完美的展現。

附記：

1. 啄木兩本短歌集有完整中譯本。本文係參考周作人先生譯《石川啄木詩歌集》（中國對外翻譯出版公司出版）、林水福先生譯《一握之砂——石川啄木短歌全集》（有鹿文化出版）。

2. 本文所敘動畫台詞、內容皆引用木棉花國際代理《啄木鳥偵探社》。

（原載二〇二〇年十二月九日《中國時報》人間副刊）

3

死亡引路人？禁書《完全自殺手冊》的生與死

偶然瀏覽網路新聞得知，日本作家鶴見濟近年來過著自給自足、簡單生活，據此寫成一本書：《完全零元生活手冊》（0円で生きる：小さくても豊かな経済の作り方，二〇一七年十二月出版），教讀者如何擺脫金錢依賴、無償取得他人不要的廢棄物、分享過剩物資、撿拾堪用品、作無本錢生意、利用免費公共設施、田園自耕自食等等，滿滿的實戰經驗與know-how。

這位鶴見濟先生，就是現象級爭議書《完全自殺手冊》（完全自殺マニュアル）的作者。前後二書，從「完全自殺」到「零元生活」，議題跳躍於尋死及求生之間，差距不小。鶴見濟認為二者並沒什麼差別，寫出這些書、發表這些言論，都是為了讓世人過更好、更自在的生活罷了。

世人已經淡忘上世紀九〇年代初，驚世駭俗的《完全自殺手冊》吧？此書由「株式會社太田出版」於一九九三年七月七日出版，隨即轟動日本、震驚亞洲，媒體婉拒廣告行銷，發行商限制書店進貨量，被迫低調的狀況下，三個月內賣了十五萬本。十月十九日登上東販調查非小說類週排行榜第三名。

書熱賣，促成意外（或意料之內？）的效應。十月二十日《讀賣新聞》等媒體報導，山梨縣富士山麓的青木原樹海發現兩具自殺屍體，懷中揣著《完全自殺手冊》，還有第三個攜帶此書疑似想自殺的人在附近徘徊，被警方發現帶離現場。全國譁然。

「出人命了！」媒體大炒特炒，把這本書銷量衝上東販週排行第一名。發行上市一年後出到四十二版。

一本書激起迴響及騷動如此巨大，鶴見濟遂收集該書出版後之騷動紀實（輯自紙本及電視等媒體報導）、讀者來信及專家評論，匯聚五百位讀者的心聲，打鐵趁熱編出一冊衍生書《我們心目中的完全自殺手冊》（ぼくたちの「完全自殺マニュアル」）於一九九四年二月出版。

臺灣出版界跟進速度很快。這兩本書出版次年就有中譯本。臺版《完全自殺手冊》（以下簡稱《完》）初版於一九九四年十二月一日，《我們心目中的完全自殺手冊》（以下簡稱《我》）初版於同年十一月一日。出版者係茉莉出版事業公司。

在臺灣，《完》是禁書，而且是解嚴後，思想風氣改革開放、言論可以自由的環境下，難得一見的禁書。《我》只就議題、現象討論不涉自殺細節，可能不是禁書，也可能一起禁了。茉莉出版公司已結束營業，這兩本書背負禁忌惡名，早早絕跡書市，成為傳說中的夢幻逸品，連帶該公司出版一系列《完全××手冊》也都是夢幻逸品。

臺灣版《完》自稱是「臺北國際中文版」，譯者丁申，美術編輯黃恭婉。內文一九八頁。**ISBN 957-9146-03-9**。大小為一八．七乘以十三公分之三二開。定價新台幣二五〇元。封面設計完全套用日文版。

《我》譯者為林右崇、邱碧環、楊鴻儒。內文二一九頁。書前附有一篇劉黎兒女士分析專文〈自殺、自殺未遂的日本社會學與美學〉，原版沒有。**ISBN 957-9146-02-0**。定價新台幣二百元。

《完》書不只臺灣禁，大概除了日本之外的亞洲國家都禁。理由就是「鼓吹自殺」吧？鶴見濟表示，《完》並非鼓吹「大家都來自殺吧」這麼無聊的事。

他只是針對各種自殺方法就科學面、醫學面、實務操作面進行調查研究，評估優劣，並附上相關案例，供想自殺或尚不想自殺的讀者參考。他認為人應該有選擇自殺的權利，而奇妙的是，人一旦掌握這權利之後，反而能堅毅地或無賴地活下去。

若考察日本的自然環境、歷史淵源、文化傳統，會出現這本奇書似乎也不是怪事。日本原本就是亞洲自殺大國。

從地理看，日本列島多山、少平原，長年受颱風、地震、海嘯、火山、洪旱等天災摧殘。這種環境，生存本已不易。

從歷史看，日本史也是一部相砍書。自一四六七年應仁之亂到一六一五年豐臣氏滅亡，戰國時代是一百五十年的燒殺死滅。德川於江戶開府，總算穩定太平，然而一八五三年黑船事件掀起幕末腥風血雨，大政奉還進入明治時代（一八六七），走上軍國之路，甲午戰爭、日俄戰爭，入侵東亞及太平洋，承受兩顆原子彈，終戰後才有長期和平。

地理、歷史大環境惡劣，令日本人的生命從來如野草、浮萍一般，既堅韌亦脆弱。生亦何歡？死亦何懼？

日本不但是百萬神明之國，鄉野市井也充斥各種鬼、幽魂、精怪、生靈、動物精，無怪乎有「百鬼夜行」之說。大島四國還被稱呼為「死國」，傳說「逆行遍路參拜」可令死者復活。生人與死靈占據同一個空間。生與死的界線「模糊」。

日本傳統文化對於自殺一事，有各種演繹、演義，甚至美化、神化、戲劇化。日文有自殺的專有名詞「心中」、「情死」。「切腹」被視為武士才能享有的尊貴自殺法。古典戲劇、大眾文學就有不少殉情、盡忠的戲碼，導致日本人看待自殺與別國人頗有不同。

藤森照信編輯、今和次郎著作《考現學入門》，其中有一章節為「井之頭公園自殺場所分布圖」，今和次郎記錄從一九二四到一九二七年東京井之頭公園發生的多起自殺事件，實地考察繪成地圖。而前一個章節是「井之頭公園春天野餐」。說起井之頭公園，我也去觀覽兩三次，春來櫻花環湖怒放，遊人如織，鵝船泛湖，渾然不覺歡樂「野餐」與愁苦「自殺」竟然同在一個公共領域。我是否也曾無意中，於昔人上吊樹下走過、坐過、臥過？

日本政府發布二〇一九年版《自殺對策白書》，二〇一八年自殺者兩萬零八百四十人。一九歲以下未成年自殺者數比前年增加五百九十九人，自殺死亡率為百分之二・八，是自一九七八年統計以來最高。

日本自殺風氣未曾稍減。二〇二〇年最令人心痛的一波，莫過於蘆名星、三浦春馬、竹內結子等，年輕又人緣好的名藝人自殺。二〇二一年底，松田聖子和前夫神田正輝所生的女兒，也是藝人的神田沙也加，驚傳於下榻飯店樓墜樓，十一小時搶救後不治。

名人活得光鮮亮麗，名利雙收，殊不知鏡頭之外、心靈之內，往往有他人不了解的痛苦。二〇一八年六月初，美國時尚設計師凱特・絲蓓（Kate Spade）及名主廚、節目主持人安東尼・波登（Anthony Bourdain）在幾天內接續自殺。就在絲蓓及波登自殺這週，美國還有八百六十五人自殺身亡。

回到書本身。

暫撇開主題爭議不談，《完》的寫法就是一本科普書。它依據自殺方法分成一一章：藥物、上吊、跳樓、割腕割頸、撞車、瓦斯中毒、觸電、投水、自焚、凍死及其他手段。雖是日本資料，卻也是臺灣社會新聞常見的手段。但社會新聞只丟給我們自殺的聳動，卻沒有告訴我們自殺的真相。而科學的「真相」才是此書重點。

主文十一個章節中，穿插報導日本最有名的四個自殺地點，是為「自殺地圖」單元。書末附〈自殺的統計〉、後記、致死量引用文獻（十三種）、引用文獻（七十種）、參考文獻（三十九種）。

內文結構，以第二章「上吊」為例，先評估上吊的「痛苦、麻煩、死狀、牽連、衝擊、致死度」分別用一至五個骷顱頭給分。分析優缺點及注意事項，接著「準備」一節講器材準備、布置高度，涉及人體構造及致死的醫學原理，重點在阻斷供血而非供氧。「經過」一節說明上吊會發生什麼人體生理反應，可分三階段。「屍體狀況」檢視上吊的屍體外觀（屬法醫學範圍）。「注意」再提醒勒頸窒息的痛苦。最後進行三件「案例研究」。全部有憑有據，這不正是標準科普、醫普的寫法嗎？

「自殺地圖」是《完》頗受好評（？）的單元。作者實地探訪自殺勝地，兩處是自然景點：青木原樹海及三原山火山口；兩處是人造社區：東京高島平社區及大阪熊取町。這些地點吸引人們，接二連三、絡繹不絕前往自殺，如同撲向火焰的飛蛾群，簡直是一篇暗黑的都市傳說。與飛蛾不同，人類很明白前方等著的是什麼。人類求生的慾望一向旺盛，然而一旦死意已決，求死的慾望也非常堅定。

樹海與三原山兩處尤其令人印象深刻。

以樹海為題材的小說、戲劇不少，例如松本清張的《波之塔》。直到今天都有相關電影上映，二〇一五年《樹之海》、二〇二一年《樹海村》。

青木原樹海不是樹多而已。濃厚深密的原始林，難見天日；迷宮般的蛛巢小徑，盤根錯節；火山熔岩地質磁性令指南針失效，質地脆弱的地面下有溶洞陷穴，日照不到的陰暗處異常地濕冷低溫，人一旦踏入此境，常常連屍體也找不到。這也意味著，樹海裡布有數不清數量的屍體。自殺者進入樹海，大都選擇上吊方式。也有人進去之後反悔，想離開卻走不出來，困在樹海內，冷死、餓死或摔死。是一種陰冷的恐怖。

伊豆大島三原山則是另一種熱融的恐怖。此山標高七百五十八公尺。是離東京都最近的活火山口，最近兩次大規模噴發於一九五〇及一九八六年。

跳下火山若精準跌入滾燙熔岩，則可燒得精光，屍骨無存。不失為乾淨的死法。一九三三年兩位二十一歲大學女生相偕上山自殺，一位成功，另一位富田氏則獨自下山生還。深入調查才知，約兩個月前另一位女子也約富田一起跳火山，也是只有富田獨自生還。案中案震驚日本，輿論稱富田為「死亡引路人」。富田事件神祕的氛圍意外地引發跳火山模仿潮，一年之內，自殺男子達八〇四人，女性一百四十人。在火山口聚集的民眾，已分不清哪些是遊客、哪些是欲自殺者、哪些是臨時起意而自殺者。有人是在山上才剛認識，意氣相投一起跳下。有人突然對身邊遊客喊聲「大家再見啦」就翻身跳下。情勢發展之荒謬，不知該哭該笑。

翻看書末引用文獻目錄，即可了解，有關於自殺的科學、醫學、心理、實際案例等題目，原本已有許多專家投入研究，成果亦已公開發表、出版。任何人只要下苦功進圖書館收集、分類、整合，都可以寫出一本《完全自殺手冊》。

鶴見濟犀利地取了一個聳動、直接又成功的書名：「完全」、「自殺」、「手冊」。如果命名為《自殺之醫學、科學原理剖析暨實際案例研討》，可能店員就順手丟到書店醫學類、科普類那一櫃站崗，大概就不會變成各國禁書了吧？

比較大的問題可能出在他的語氣口吻。他用談論「健行、露營」的口吻談論「自殺」，於是論起「自殺手段之好壞優劣、器材取得難易度、最佳自殺地點」，一派稀鬆平常，好似研究「健行、露營各種工具好壞優劣、取得難易度、最佳的路線野營地點」。作者不掩飾地推薦他心目中的最佳及最差自殺法，道出看破世情的感嘆，語氣偶爾輕佻，視死亡如同健行抵達終點，驚嚇觀念保守的大眾，認為作者也是一名「死亡引路人」。

例如高島平社區，一九七三年完工到一九八二年跳樓自殺人數累計達百人。社區不堪其擾，裝設更嚴密的防護圍欄後，確實生效，人數明顯降低。但作者還是好心推薦一個沒人注意的死角，文後還附交通指引、地圖。這種如同當今網紅寫遊記、食記，推薦口袋隱藏景點、美食的心態，當然激怒社會大眾。尷尬的是，這種口吻、態度卻又是這本書與其他硬梆梆科普書大不同之處。

寫出自殺手冊的作者，世人眼中的「死亡引路人」，若有錯，鑄成此錯的是「死亡」本身？或者是那條「路」？還是想尋路離去的「人」？

鶴見濟有位朋友把毒品「天使塵」裝在金屬小囊，做成項鍊，隨身攜帶。這人說：「必要的時候，可以吃下這個尋死。」此友沒有固定工作，每天遊手好閒，過得非常愉快。所以，戴上這條項鍊的人，是悲觀還是樂觀？是積極還是消極？是勇敢還是懦弱呢？鶴見濟說，希望《完全自殺手冊》可以成為那條項鍊。

寫出自殺題材之後的鶴見濟，也寫書主張「即使人生只剩下零元，也要設法求生」，三十年來不懈地工作、體驗、寫書出版，他可是非常積極地面對人生啊。

讀畢此書，只覺自殺太難太苦。成功的自殺必須有天時、地利、人和。自殺者須具備充份的耐心、勇氣、毅力，甚至被嘲笑的恥力。要達成完美的自殺，其困難度不亞於一次完美的火箭發射。

沒有駕照、不會開車的人若貿然上路，下場多半肇事闖禍，傷及無辜與自己。不懂「自殺學」而貿然自殺的人也是一樣。

自殺如果失敗，性命救回來，經過最完善的醫療照護，身心也不可能完好無缺回到自殺前狀態。尤其過程會導致缺氧那種，一旦腦部受傷、神經受損，後果不堪設想。拖著破敗痛苦的身軀、渾渾噩噩過此殘生，比死還慘。難道還得再自殺一次？

自殺如果成功，雖然一了百了，但是家人朋友要面對自殺者留下的各種問題：龐大債務、小孩撫養、名譽恥辱、損害賠償（例如跳樓壓死賣肉粽的）、救援費用（例如動員搜救隊的龐大支出）等等，可別令家人也想自殺。

人走上自殺之途的原因很複雜，如果把原因歸咎於一本書，也未免太過簡化人的痛苦，太輕視世界運作的方式。若世人執意要把書本當作替罪羔羊，那麼，我寧願它被禁，永遠沉睡在藏書家書櫃最深的角落。

4

蟬鳴嘈雜，心泣如雨：藤澤周平《蟬時雨》的世界

收到木馬文化寄贈，藤澤周平的時代武俠小說《蟬時雨》（蝉しぐれ）。撇開書房、枕邊所有待讀、應讀而未讀書，善用枕上、車上、廁上，一意專攻，歷九天拜讀完畢。心情隨著主人翁平生際遇起起伏伏，是一次難能可貴的閱讀經驗。

藤澤周平（一九二七——一九九七）的作品，中國首先於一九九四年出版中譯本《玄鳥》，內收五篇短篇小說。臺灣遲至二〇〇六年五月始由木馬文化引進《蟬時雨》、《隱劍孤影抄》、《隱劍秋風抄》、《黃昏清兵衛》等幾部。大約二〇一〇年起，中國新星、譯林等出版社依據臺灣這幾本，相繼推出簡體中文版，另追加臺灣尚未引進的《小說周邊》、《祕太刀．馬骨》、《三屋清

左衛門殘日錄》、《用心棒日月抄》、《橋物語》等幾種。

華人文化圈本不識藤澤其人其書，所幸日本電影、電視界多次改編小說映像化，尤其是老牌大導山田洋次監督的《黃昏清兵衛》（二〇〇二）、《隱劍．鬼之爪》（二〇〇四）、《武士的一分》（二〇〇六）號稱「武士三部曲」系列電影，叫好叫座，成功引領讀過或未讀過原著的讀者進入藤澤周平的世界。

藤澤周平的世界是怎樣的世界？藤澤的世界乃真實大時代下，一虛構小浮世。年代大抵設在江戶幕府時期，尤其電影版「黃昏」、「鬼爪」很明確設定在幕末。常出現的「海坂藩」則是架空的小藩，是《暗殺的年輪》、《黃昏清兵衛》、《隱劍孤影抄》、《隱劍秋風抄》及《蟬時雨》故事舞台。

海坂藩地理位置就是藤澤周平的故鄉，山形縣鶴岡市。攤開日本地圖，山形縣位於日本東北地方的西南部，鶴岡市三面被群山合圍，一面臨日本海。藤澤說，若站在海邊眺望大海，遠方天海之際，水平線畫出緩緩的弧，據說那若有若無的坡狀弧，就叫「海坂」，一個美麗的字眼。

不過，「海坂」一詞與鶴岡無關，而是來自靜岡，當地一份名為《海坂》的俳句同人雜誌。藤澤曾熱衷研習俳句，於一九五三、五四年間投稿給這本雜誌。寫小說時借用「海坂」的刊名。

鶴岡地帶曾經存在一個「庄內藩」，可說是海坂藩的原型。德川家康有位家臣酒井家次，自年少就跟著家康，從長篠之戰打到大阪夏之陣，為德川家賣命。論功行賞賜地，轉封幾次，領地越換越大。家次過世後傳位長子酒井忠勝。忠勝於一六二二年（距寫此稿當下的二〇二二年恰滿四〇〇年）領十三萬八千石，以「譜代大名」身分，入主庄內藩擔任第一代當主。酒井家家運不錯，代代繼承直到一八七一年廢藩置縣。承領德川家二百五十年恩情，且掛著譜代大名的光環及義務，幕末天下動盪之際，庄內藩自然歸屬「擁幕派」，且是最死忠那種。

庄內藩受幕府命令維持江戶治安，組成「新徵組」取締非法暴行（殺人、入戶搶劫，其實都是西鄉隆盛及薩摩浪士搞的鬼），與薩摩藩結下大仇（「警匪」雙方殺鬥，新徵組與藩兵乘勢衝進「賊窟」薩摩之江戶屋敷，放把火燒了）。倒幕勢力將庄內藩（江戶治安警備，管理新徵組）與會津藩（京都守護職，管理新選組）並列為兩大「朝敵（天皇的敵人）」。庄、會兩藩領導其他不滿薩、長蠻橫作風的地方諸藩及舊幕府勢力結成「奧羽越諸藩同盟」（一八六八年），投入「戊辰戰爭」，對戰以薩摩、長州為主幹的明治「新政府軍」。雖然庄內藩軍英勇作戰，然而「時來天地皆同力，運去英雄不自由」，同盟諸藩紛紛敗戰。會津若松城經歷慘烈攻防後陷落，投降。失去盟友，始終無敗績的庄內藩也不得不屈服。與虛構海坂藩的窮途末路相同。甚至可以說，黃昏清兵衛與海坂藩的隱劍武士們，本想於「刀背藏身」安渡平凡的一生，惟秉持武士職責、家名傳承與人情義理，不得不挺刀起身搏鬥，終被命運吞噬，就是庄內藩慘敗的寫照。

虛構的海坂藩雖然是小藩，卻是德川幕府治下「幕藩體制」的縮影。海坂藩藩政組織系統、階級俸祿架構均符合史實，至於封建制度下的行政思維、政治派系權力鬥爭、後宮大奧爭寵、嫡庶繼承問題及暗殺剷除異己等等，都是日本封建歷史常見的橋段。

《蟬時雨》實則是一部成長小說。藤澤描述文四郎、逸平、與之助三個好朋友求學、練劍、升學、就業、結婚、生子等人生必經過程。從少年寫到中年，故事跨度二十多載。少年不同的性格，對應不同的生活態度與人生際遇。維繫三人的，是整部小說靜淡的氛圍內，最為濃烈熾熱的感情：友情。人可以窮無一物，但不能沒有朋友。

書中親子間感情流動，深沉而不顯露。少年文四郎去看守所與父親面會訣別一段，處處顯現武士臨難之時，要求的素養與沉練，也是父親給文四郎上的最後一課。肅殺氣氛之下，僅以五句話匆促問候與交代後事，話語不能及的父子情，盡在其中。請領父親屍體，乃莫大悲痛，叛逆武士之子只能冷處理。作者以極細的細節告訴讀者，推大車載屍體回家，整趟過程如何艱辛。是肉身，也是精神的折磨。這個幾乎拖不動的重量，是含血冤屈之重，是親情不捨之重，也是文四郎未來擔負責任之重。從此處起，文四郎開始戰戰兢兢拖動「人生」這台重車。

文四郎與鄰家女孩阿福的互動，不過就是：被蛇咬、看祭典、幫推車，算起來，二三十年來只見過幾面、講過幾句話。甚至談不上是初戀。然而這股清淺淺的情緣，卻可以牽掛一生。這正是「純情」的力量啊，往往在不經意中，植入人心，蔓延成災。

與矢田遺孀的互動，是文四郎成長過程的插曲，不起眼，但是重要。藤澤安排這個「熱性」的角色，令持續低壓的情節不致單調，故事更加曲折。同案獲嚴譴懲戒，突逢家變失去主人，矢田家與牧家是對照組。矢田遺孀的外放、主動、任性與阿福的內斂、被動、認命也是對照組。文四郎與阿福純屬青春情愫，但遺孀給他的卻是隱性的「性啟蒙」。遺孀與已婚武士祕密交往，激起文四郎妒恨之心，著實折騰他好久。人須經歷這種折騰才能長大。

藤澤架構了「海坂藩」世界，真實不虛到認真殘酷的境地。在這個小小世界內，武士精神的框框、封建制度的框框、人情義理的框框、道德貞潔的框框、家族榮辱的框框，一層一層大大小小框框鋪天蓋地而來，使得他筆下主人公往往是內斂的、認命的、矜持的，縮在框框內存活，接著不可測的命運擁來壓迫他到極致，他不得不起而對抗。

不過，「對抗」並非「反抗」。電影版黃昏清兵衛遵照上級指示執行剷除「叛徒」的任務。隱劍的宗藏也接受類似任務。「蟬時雨」文四郎接受搶奪福夫人小孩的任務，後來證實果然被狠狠利用。「對抗」命運完成任務後，黃昏清兵衛配合藩的政策參加幕末戰爭。隱劍的宗藏使出「鬼之爪」解決大惡人，之後放棄武士身分，逃離遊戲規則不玩了。牧文四郎則只是衝到壞心家老面前發飆一頓了事，乖乖地回體制內當官。這些主角都不是「沖天一怒」後大開殺戒的傳統劍豪。古之武士，今之社畜，不幸者殉職或落敗於職場；幸運者雖倖存，探尋後路，一旦全盤考量現實條件，大多只能回歸體制及公司制度，委屈自己妥協，而不是回頭挑戰（更別說破壞）體制與公司。藤澤的「隱劍」系列裡，好幾篇就是描述社畜武士的悲哀。

隱劍系列及蟬時雨調性固然較為酸澀，不能認定藤澤只寫淒風苦雨。其他作品如《祕太刀馬骨》加入推理趣味，《用心棒日月抄》摻和幽默元素，《三屋清左衛門殘日錄》講老官員退休生活，簡筆淡墨，點到為止。《橋物語》寫江戶町民男女浮世戀曲，情調纏綿如雨中渡橋。風格豐富多變，酸甜苦辣齊備，有滋有味。

藤澤周平於《蟬時雨》一書，鉅細靡遺地描述海坂藩的山川地理形勢、花草木菓四季變化、市區街道巷弄格局、工商廠肆場所興衰、建築廟宇橋梁分布、風土民情習俗傳統。推動故事時，穿插大量日常生活細節，如穿著打扮、吃喝食物、酒屋妓院狹玩等等，人時地事物都如親見，好像 Discovery 頻道紀錄片。讀著讀著，肅然起敬，武俠小說有必要寫到這麼細緻考究嗎？即使當歷史小說讀，《蟬時雨》呈現 Google 地圖一般的精密明白，以假亂真，以真御假，技巧高超。

正因藤澤小說與鄉土史地、民俗文化緊密結合，時至今日，已是當地重要文化遺產。地方政府遂於鶴岡城（原庄內藩城邸）遺址所在的鶴岡公園內，建造「鶴岡市立藤澤周平記念館」，高谷時彥建築師設計。二〇一〇年四月二十九日開幕。揉合傳統元素入現代建築，樓高兩層，主體為鋼筋混凝土，部分鋼構。建築面積約二一七坪。有展示室、準備室、收藏庫、沙龍、會議室、研究室及藤澤書齋重現，可展、可藏、可研。規模適中，機能健全，精緻素雅，明亮通透，如同其書其人。

第三章

我的名字是龐德，詹姆斯・龐德

1

第七號情報員與《諾博士》

史恩・康納萊（Sean Connery）爵士於二〇二〇年十月三十一日辭世。儘管他極力擺脫詹姆斯・龐德的形象，辭演龐德後，演藝事業更上層樓，幾部大片皆可入影史，但是追憶史恩・康納萊一生事業，很自然地聯想到龐德。

創造〇〇七的人，易安・弗萊明（Ian Fleming）起先並不滿意由康納萊飾演他筆下的〇〇七。認為康納萊不過是個體格發達的「特技演員」罷了。然而經過導演泰倫斯・楊（Terence Young）手把手地貼身特訓，從怎麼吃食物教起，行住坐臥一一調整，康納萊得以脫胎換骨，撐起這個迷人又優雅的英國間諜。

易安・弗萊明第一部龐德小說是《皇家夜總會》（*Casino Royale*，一九五三）。而第一部龐德電影《第七號情報員》（一九六二），則改編自系列第六部《諾博士》（*Dr. No*，一九五八）。

《第七號情報員續集》改編自第五部《俄羅斯情書》（*From Russia with Love*，一九五七）。

電影第三集改編自第七部《金手指》（*Goldfinger*，一九五九）。

簡單說，電影前三集改編自小說第六、五、七集。

所以頭兩部龐德電影在原著世界的時序反了，接著第三集拍《金手指》，次序倒是接上了。總之，○○七電影與原著小說是同中求異，異中求同的兩回事。前幾部電影尚能忠於原著，後來以娛樂、譁眾優先，加油添醋，一碗雞湯硬是做成滿漢全席，電影改編到只剩片名與原著相同。看過電影再回頭讀原著或反過來，比對影像及文字二者差異，是有趣的閑事。

電影製作人布洛克里（Broccoli）及薩爾茨曼（Saltzman）起先挑選一九六一年出版的《霹靂彈》來改編為第一部龐德電影。不巧這本小說涉及版權糾紛，他們只好另選較早出版的《諾博士》。《霹靂彈》本是弗萊明與幾位伙伴合作發想的龐德電影劇本，可是電影製作沒進度，弗萊明遂先寫成小說逕行出版，合夥人不滿，一怒告到法院，纏訟幾年，最後庭外和解，弗萊明得到小說版權，與他合作的伙伴凱文．麥克格羅瑞（Kevin McClory）則得到電影拍攝版權。多年以後，布洛克里、薩爾茨曼凱文與這位麥克格羅瑞合作，有錢一起賺，總算開拍電影《霹靂彈》，一九六五年底上映，已是第四部龐德片。也是因為《霹靂彈》奇特的電影版權問題，導致多年後又跑出一部重啟版龐德電影《巡弋飛彈》（一九八三），故事架構與霹靂彈一模一樣，由辭演多年的「正宗」龐德史恩．康納萊回籠主演，卻不能歸入「正宗」龐德電影嫡系。

一開始捨棄《霹靂彈》而選擇《諾博士》未嘗不是好事。因為《霹靂彈》情節豐富熱鬧，或許太熱鬧了：劫奪轟炸機、丟失核子彈、與大鯊魚共游、火箭機車、分離式噴射遊艇、海底作戰、蛙人格殺大亂鬥，綜橫陸海空，特效難又多，絕對要燒大錢才能搞定。以一九五八年的成本及技術，不見得能拍得出、拍得好。相較之下，《諾博士》是單純精巧的小品，適合保守創業作。小品無法以大製作大場面取勝，就需要風格化的特色方能於娛樂片打出一片天，很幸運地，他們做到了。

以現今眼光看六〇年前的電影《第七號情報員》陽春得很，但是原著《諾博士》小說更是陽春得可憐。

我擅自把全書分為三部分。

第一部分一到六章「京士頓篇」。英國祕密情報局加勒比站被摧毀，詹姆斯．龐德奉命來到牙買加京士頓查案。隨即被神祕組織盯上。躲過幾次暗殺。

第二部分七到十二章「蟹島篇」。龐德與助手庫瑞爾潛行至諾博士的蟹島。邂逅天真性感美少女哈妮。庫瑞爾被火龍裝甲車燒死。龐德與哈妮被擒。

第三部分十三到二十章「祕密魔窟篇」。諾博士於基地招待龐德與哈妮。把龐德丟進極限體能管，折磨一番並且觀察人類能耐。把哈妮丟去餵螃蟹。龐德脫逃，殺了諾博士，與自行逃出蟹窩的哈妮會合，搶奪火龍裝甲車，逃回京士頓。

對照電影劇情，十分吻合。不得不佩服電影編劇，看出原著影像化的不足，添加許多豐厚血肉。亦佩服導演泰倫斯．楊，故事節奏掌握得這麼好。

舉個編劇功力的例子：龐德進住旅館後，出門赴宴前，在房間門上貼了一根頭髮，在手提箱開關上塗了粉末。當他回房後，逐一檢查，果然門上頭髮掉了，手提箱開關上有指痕，心裡有數。舉起酒瓶想倒杯酒喝，剛打開瓶蓋，覺得不妥，索性開另一瓶全新的。諜報片就該呈現上述這種諜報專業細節，可惜後來的龐德逐漸演變為忙著東奔西跑、開槍殺人的不死英雄，也就是個動作巨星罷了。

小說開頭詳盡地描述牙買加京士頓傍晚、街景、英國人的俱樂部，裡面一場牌局的成員來歷，英國情報局加勒比站特工史川威先生的日常工作及環境。史川威怎麼暫離牌局，從俱樂部趕回工作站的路線、花費時間交代得一清二楚。接著才寫殺手暗殺及爆炸工作站。不能嫌他囉嗦，因異國風情及不厭其詳地描述細節，正是弗萊明龐德小說趣味處。

然而電影不能囉嗦。開場播完〇〇七主旋律及加勒比海舞曲民謠後，直接進入重點，兩三個鏡頭就從京士頓街頭跳到英國人俱樂部，史川威一離開牌局即遭三盲鼠暗殺於座車旁，緊接三惡煞突襲情報站，槍殺女祕書，奪取檔案夾。鏡頭剪接緊密，令暴力來得迅速明快，防不勝防，觀眾情緒馬上被拉高。

情報站失聯，消息層層上報，情勢異常，MI6急著徵召龐德。但是並非直接讓龐德趕回辦公室找老闆M報到，而是先讓鏡頭帶我們去倫敦上流俱樂部Le Cercle。觀眾心裡至急至緊的大事反而暫擱不理，先敘一樁風流閒事。

美艷的希薇亞・特倫希（Sylvia Trench）女士於賭桌上與背對著鏡頭的莊家

對賭。輸了，加碼，又輸。眾人嘆服。美女請教莊家大名，得到一句影史上最著名的自我介紹：「**Bond，James Bond。**」〇〇七主題響起，俐落灑脫、自信剛毅，黑西裝白襯衫黑領結，打火點菸的史恩．康納萊於那一刻成為永恆。特女士與龐德訂了第二日高球之約，沒想到當晚直接溜進家來，全身只著一件襯衫，推室內高爾夫球，龐德也嚇了一跳。「**事情正開始有趣**」。出勤搭機時刻已定，算算時間還夠溫存，就這樣，她成為第一位龐德女郎，而且還將在續集出現。原著並沒有這一大段情節。

情報、間諜、暗殺、特務機關、賭場、豔遇，開場十分鐘內已經出現諸多令人興奮又新奇的諜報片元素。這些元素在往後所有〇〇七電影都將重複出現。

龐德抵達牙買加京士頓機場，一位司機來接機。突來的周到接待頗可疑，打電話向總督府求證，證實府方未安排接機，他將計就計上車。指示司機閃躲後頭追蹤汽車之後，掏槍逼問司機受何人指使。三拳兩腳，被打趴的司機拒不吐實，咬毒藥自殺。他只好把屍體載到牙買加總督府。這一段表明龐德所謂祕密抵達，其實都在敵人掌握下，情報早已走漏，而且小嘍囉任務失敗寧願自盡不願被捕，更顯露看不見的敵人之兇殘可怕。原著並沒有這一大段情節。

電影裡，美國CIA派出Felix Leiter幹員協助龐德。萊特確實是龐德於公於私的好朋友，在第一部小說《皇家夜總會》就登場支援，並活躍於《生死關頭》、《金剛鑽》、《金手指》、《霹靂彈》、《金鎗人》等幾部，但偏偏未出現在《諾博士》案。

電影裡，龐德未見過萊特與庫瑞爾（Quarrel），雙方誤以為對方是敵人，一度緊張對峙，龐德還摔了庫瑞爾一下。讀小說時，卻看得出龐德與庫瑞爾很熟絡，是舊識。原來龐德與史川威、萊特、庫瑞爾等人早在小說《生死關頭》就密切合作過，一起在牙買加調查哈林巨霸「巨先生」（Mr Big）利用私人遊艇及島嶼盜運金幣案。此次藉《諾博士》重回牙買加，作者弗萊明卻狠下心腸，大筆一揮，讓史川威、庫瑞爾一前一後殉職。尤其是忠心、能幹、憨直的庫瑞爾，竟死得那麼慘又那麼笨。

雖然庫瑞爾光榮殉職，一一年後，他的兒子小庫瑞爾（Quarrel Jr.）出現於一九七三年的《生死關頭》電影繼續支援龐德。其實在原著小說裡，兩者是同一個庫瑞爾。《生死關頭》小說問世（一九五四）在《諾博士》（一九五八）之前。

電影播映六二分三〇秒時（片長是一一〇分鐘）捕貝女郎哈妮才登場，由烏蘇拉・安德絲（Ursula Andress）飾演。健美的體態著白色比基尼從海中走出，宛如維納斯的誕生（Botticelli's Venus），至真至純至美，開天闢地，訂出一代龐德女郎的規格。小說版哈妮則是尚未成年的青少女，初登場時，身上連比基尼都沒有，只有一條腰帶，散發呆萌樣的性感。那一章就名為「THE ELEGANT VENUS」。人們常詬病龐德女郎只是等待英雄救援的弱女，但小說版哈妮卻是憑膽識、勇氣，獨力從吃人蟹巢穴逃脫，具備堅強女力。

小說與電影最大區別在於暗殺龐德的行動與蟹島設備。

小說暗殺只安排毒蜘蛛、毒水果及假車禍（被龐德唬弄以致殺錯人）。電影版則「假司機、三盲鼠、毒蜘蛛、大靈車追撞、美魔女色誘、臥底者暗槍」層出不窮。

美魔女泰蘿小姐 Miss Taro（Zena Marshall 飾演）這段尤其精彩。龐德早看出這位具中國血統混血兒，總督府祕書可疑，故意去撩她，請她帶他觀光（後來真的變成「觀光」）。泰蘿請龐德去家裡接她，在電話上解說開車到她家的路線。俗手若拍此段，必定先拍攝兩人於電話上對話，再接著龐德依指示開車前往的畫面，但導演泰倫斯・楊用了高明的剪接，泰蘿解說路線時，轉成畫外音，搭配龐德開車的畫面，不同時空的兩事件放到同一個畫面內處理，經濟實惠，充分發揮電影的特性，精妙絕倫。後來許多電影也模仿這一招。

我認為泰蘿比 Ursula Andress 還性感。不論是穿著套裝、唐裝、睡衣、一條毛巾（真的只有毛巾）等等，都散發致命魅力。尤其她剛洗完澡，身子尚未擦乾就來開門，卻見到應該被同黨解決掉的龐德，那濕淋淋的頭髮、粉嫩裸露的肩頭、前胸及肌膚上流淌閃亮亮尚未擦乾的道道水痕，惹得龐德都忍不住推倒她兩次。

龐德假稱叫計程車，實則聯絡警方來把泰蘿帶走，又布設睡房、故布疑陣，好整以暇坐等登特教授上門來。這個橋段表達情報員的臨場急智及專業。廢話不多說就把登特教授幹掉，瀟灑中亦流露七號情報員的殘酷無情。

關於毒蜘蛛暗殺術，星光出版社祥亭譯本《恐怖黨》在第五章出現，但是第六章又出現。不懂為何弗萊明要連用兩次？難道他閒適的牙買加生活裡，曾被這動物驚嚇過？搜尋原文比對，才知中譯本第五章開頭那隻，那一整段是原文沒有的。五、六章兩段譯文不盡相同也不是複製貼上。為何祥亭譯本要擅自重複情節？已不可考。星光版龐德小說十幾本動用九位譯者，品質控管難度高。

臺灣龐德小說中譯本以星光版最為齊全。其他如皇冠、臉譜、輕舟、遠流等社則出過零星幾本。起先以弗萊明原著為主，隨著時代前行，也引進不少其他作家續寫及從電影劇本改寫回來的小說。一般以為星光譯本最早，其實還有皇冠（早期）與立志兩家比星光更早，只是這前後三家譯本竟是同一版本。星光版有三本係郭功雋先生翻譯。他的譯本先在大華晚報連載，之後才集結出版。譯文古雅通暢，水準頗高。

電影版蟹島格局大致與小說相同，最大不同在於電影版設置了當時最時髦的核能發電系統，提供強力電源使蟹島發射的電波或雷射光，足以干擾美國發射的彈道飛彈乃至登月火箭。這個陰謀犯罪計畫變成典範。往後幾乎每部龐德電影都要有一個足以擾亂世界秩序、破壞世界和平的大陰謀大詭計。而這個大陰謀往往要藉由一個祕密基地與科幻式道具達成。例如蟹島的核能與電波，《霹靂彈》的高速遊艇，《雷霆谷》的假火山基地與搶劫火箭、《女王密使》的催眠機與高山雪堡、《金剛鑽》的雷射槍與鑽油平台，乃至《海底城》的海底城、《太空城》的太空站等等。因此有人批評龐德電影到後期簡直變成科幻電影了。

電影龐德情急生智利用通風管逃生，小說版那個管道則是諾博士精心設計給龐德鑽的整人關卡。電影版蟹島發生毀滅性大爆炸，小說版則沒那回事。

蟹島主人諾博士直到電影進行到八十四分三十三秒左右才出現下半身鏡頭。進行到八十七分三十四秒才正式亮相。他承認他是魔鬼黨（SPECTRE）一分子。但魔鬼黨首領布洛菲（Blofeld）還沒出現。他將在第二集與波斯貓一起登場。

小說諾博士光頭、瘦長、高大，長脖子、尖下巴、黃蠟皮膚，黑眼珠突出、無睫毛，配著像達利的眉毛，表情似笑非笑，聲音銅聲銅氣，一雙鋼手，身披長袍，醜怪邪惡至極，分明就是一個「禿頭版傅滿州」。電影諾博士則相貌端正，著貼身筆挺的中山裝（或毛裝？），順眼優雅得多。雖然是另一種邪惡。

小說諾博士侃侃而談自己的一生。出生於中國北平，父親是德國傳教士，母親是中國女子。不幸被遺棄由姑媽撫養。去上海工作加入黑幫。犯了不少大案子，組織送他去美國紐約避風頭，管理信用部金庫。賊性難抑，侵吞公款。被組織抓到砍斷雙手。大難不死，裝上義肢，帶著金塊逃走，整形、投資、讀醫學院，以醫學博士身分旅行各國，在牙買加買下蟹島作為基地，大興土木，更與蘇聯搭上線，發展科學技術，首先要搗亂美國的火箭計畫。集結德國（血統）、中國（出身）、蘇聯（盟友）三個冷戰時期反派國家的邪惡，結晶成果就是諾博士。

諾博士沒有妻子，沒有女朋友，身邊也沒有辣妹環伺。對於鮮嫩可口的哈妮／烏蘇拉・安德絲沒有興趣。面對龐德，倒是有許多話可說，甚至都聊到身世背景了。他的性向有些可疑啊。

他藏身牙買加，卻幾乎不曾踏足牙買加本島，只躲在蟹島遙控他的殺手及特工們。他喜歡待在蟹島水下水族館讀書、看魚游泳（那房間擁有三面直頂到天花板的書牆及一面強化玻璃觀景窗），除了賺錢需要的鳥糞事業及雷達科技，更喜歡鑽研人體工學及人類潛能之類的學問。標準的宅男、愛書人、藏書家。可惜他對於世界沒有一絲愛，只有憎恨。

諾博士總部建築未來設計感很強。我最喜歡他隱身幕後，召見登特教授的那個房間。天花板有圓形超大天窗，外部光線透過格柵投射到地面，形成交錯陰影。室內只有一把椅子及放毒蜘蛛的桌子，表現主義般的場景襯出諾博士神祕不可測。此外，與龐德見面的海底會客室誇飾地裝了一面大型凸透鏡，透過強化玻璃觀景窗可以看到放大數倍的魚，搞得像水族館，構思很酷。不過卻被龐德嘲諷小魚也想假裝鯨魚。

在諾博士的會客室裡，有一幅畫吸引龐德注意。這幅畫是哥雅的作品《威靈頓公爵》。安排這幅畫在這裡出現是有深意的。因為就在這部電影開始製作之前不久，這幅畫才剛被人從博物館偷走，引起國際轟動。像是魔鬼黨的作為。

小說裡，在諾博士的餐桌上，龐德很技巧地藏了一支切肉的鋼刀，後來逃脫陷阱時派上用場。電影裡，康納萊也藏了一把，但是諾博士說：「我不是笨蛋，希望你別把我當笨蛋。請把刀子交出來。」電影的博士精明多了。精明的人也不只諾博士，電影開頭M交代任務並且換掉龐德的舊配槍，龐德臨離開辦公室之際，也被M要求把偷藏在新槍盒下的舊槍留下來。

小說諾博士的身世可憐亦可惡。實力在牙買加足以呼風喚雨，隱身幕後時，深沉低調。但是出場現身後表現卻不甚聰明。他的死亡夠遜、夠蠢（一堆鳥糞），其潦草程度彷彿小說寫到結尾，作者只想趕快交稿放假去了。

電影諾博士則聰明、冷酷、優雅，是成功驕傲的CEO。組織管理優越，執行績效良好，又找到有錢金主，本大有可為，只是倒楣遇到龐德這個煞星，一番激烈打鬥，手滑，死於自己興建的核能冷卻池中，整個電廠及蟹島一起殉葬，炸得翻天覆地，這才是匹配得上他身分地位的華麗死亡。

2

《女王密使》：哀感頑艷的龐德戀史

〇〇七詹姆斯．龐德電影自一九六二年誕生到二〇二一年，已形成總共二十五部的系列大作。歷來啟用六位演員飾演龐德，每一任龐德自有其特色、性格，在他們詮釋下，開闢出各自的〇〇七小世界，於系列中另成系列。如羅傑．摩爾的七部，史恩．康納萊的（六加一）部（加上一部非嫡系《巡弋飛彈》），若拉出來獨立，亦足以壓過影史上諸多系列電影。這些小系列中，最孤單的是喬治．拉贊貝（George Lazenby），他只主演一集。能見度不高，聲量最低。老影迷懷念老龐德，老是提史恩．康納萊及羅傑．摩爾，幾乎不提他。新生代影迷已經不認識他。畢竟《女王密使》（*On Her Majesty's Secret Service*）已是一九六九年的老片。也是歷來最被低估的〇〇七電影。

商業電影的實績看票房，《女王密使》票房不理想，在〇〇七電影系列中無論往前比或往後比，站穩倒數第二，只贏第一集《第七號情報員》。而它的製作預算可是《第七號情報員》的七倍。

我年紀小沒趕上《女王密使》在臺灣首映，直到上大學後，在淡水小鎮當地戲院才看到回鍋重映的她。古早時候，片商會安排過期老〇〇七電影輪流重回二輪院線上映，我就趁機補作功課。重播〇〇七的票房還是頗不賴，記得在三重埔（今日的新北市三重區）金國戲院看過《第七號情報員續集》、《金手指》。大學生的我看過《女王密使》後，覺得還好而已，〇〇七電影就是這樣吧。並且不是很能接受喬治．拉贊貝的外型。

然而電影固然是商品，同時也是藝術，不能單單以票房論英雄。好電影如好酒一樣，越陳越香。隨著時光流逝，觀眾（就是我）看電影的眼光開闊了，品鑑電影的能力提高了，終於發現《女王密使》具有端整的結構、非凡的劇情及抒情傷感的氣氛。她挖掘英雄脆弱面，大膽地以悲劇收場，超越了那個時代。

影迷漸漸還給她一個公道。導演克里斯多福．諾蘭宣稱，最喜愛的龐德電影就是《女王密使》。他的《全面啟動》後段高潮戲進攻高山雪堡，就是向《女王密使》的雪嶺飯店致敬。彷彿沒過足癮似地，又將《天能》拍成變形、進化、重組的〇〇七電影。

如今回頭檢討，《女王密使》品質真的不差。劇本忠於原著，結構完整，言之有物不浮誇。攝影華麗優美，運鏡流暢。場面浩大，動作紮實，布景講究。小鎮聖誕慶典不知搭多少景、用了幾百位臨演？還有賽車場碰碰車摔車爆炸、追殺龐德小倆口製造大雪崩災難，這些特效鐵定花費大把銀子。夜間及白晝滑雪追殺，緊湊刺激，樹立典範，後來好幾部龐德電影也有滑雪追殺戲，自己抄自己。**John Barry** 編寫的主題曲時髦、有力又振奮，常被人借用（例如臺灣的金光布袋戲）；爵士大師路易斯．阿姆斯壯以滄桑的煙嗓演唱主題歌，抒情動聽。整體水準比它之前的《雷霆谷》、之後的《金剛鑽》好太多。它的失策到底在哪？只因為用了喬治．拉贊貝？

喬治．拉贊貝在拍攝《女》片之前，只是一個來自澳洲、於倫敦工作的小男模，拍過幾支巧克力電視廣告、得過一九六六年度模特兒獎，壓根沒拍過電影，更別說擔任第一男主角，更別說扮演銀幕英雄超級偶像〇〇七龐德，啊，更別說是風流倜儻的史恩．康納萊之第一接班人。這樣一層一層比較上去，對他來說確實殘酷。畢竟他演這部戲時也才二十九歲，與歷屆龐德演員首次演出的年紀比較，是最年輕的。

但是電影公司也不是隨隨便便拉個新人來接重擔。大約在換角問題的三年前，製作人布洛克里在常去的理容院發現一位個子高挑、英俊的男士，他的外型體格、走路姿態及自信風采，讓布洛克里聯想到龐德。經過私下探聽，了解這男士名叫喬治．拉贊貝，演過幾部電視廣告的模特兒。布洛克里要到許久以後才知道，拉贊貝耍了小心機，故意在名製作人眼前晃來晃去博得注意。果然，康納萊一辭演〇〇七，布洛克里就想起拉贊貝，叫他也來試鏡。不過，候選人選有三、四百人之多。

拉贊貝又耍個小心機，刻意請康納萊的理髮師幫他剪一模一樣的髮型。找康納萊的裁縫師作一模一樣的西裝。但是西裝要慢工，來不及等，於是買下當時康納萊及劇組沒挑選上的現成西裝。由此可知他可是聰明得很。

評選最後階段，製作單位要求每一位候選人表演一場關鍵的旅館室內打鬥戲（應該就是龐德溜進崔西房間遭遇黑人打手那一段）。拉贊貝打得虎虎生風、有模有樣。因為是生手，出拳力道沒拿捏好，竟打倒陪演對方。成果贏得製作人及導演 Peter Hunt 贊同。測試影片送到聯藝公司（United Artists），決策高層也同意，就此拍板認定：拉贊貝就是新龐德。

既然是新龐德，氣勢不能輸給前任。電影開場，龐德在海灘救起走向大海、企圖輕生的美女，並奮力打倒兩名持刀持槍、圖謀不軌的壯漢。但在小說裡，龐德面對兩名持槍壯漢，毫無抵抗機會，與美女一起被挾持，押上一艘小船載往不知所以之處，很莫名又很憋屈。電影編劇很聰明地逆轉情勢以維持新龐德形象。拉贊貝龐德還很得意地自言自語：「其他人（影射史恩・康納萊）都不會遇到這種事。」

雖然喬治拉贊貝沒有演戲經驗，但是其他主演來頭可不小。

飾演魔鬼黨（**SPECTRE**）首領布洛菲（**Ernst Stavro Blofeld**）的泰力・沙瓦拉（**Telly Savalas**），一九六三年奧斯卡最佳男配角提名。我對他作品印象最深是一九六七年的《決死突擊隊》（*The Dirty Dozen*）及一九七〇年的《戰略大作戰》（*Kelly's Heroes*）。因為有一年臺灣華納公司發行一批老戰爭片三區**DVD**，包含這兩部，一上市我就買來看。沙瓦拉邪氣的小臉蛋配上一顆光頭，不必開口，觀眾就知道非善類。雖然他詮釋的布洛菲也抱了一隻波斯貓，也穿上貂皮大衣，但就是缺少陰森神祕感與高傲貴氣，比較像是盤據一方的黑道角頭，也就是個打手混混。

飾演女主角崔西的黛安娜·瑞格（Diana Rigg），曾主演英國諜報片型電視影集《復仇者》（*The Avengers*），飾演第二任女主角 Emma Peel 夫人。這位 Emma Peel 是追求時尚的獨立新女性，聰明機智並且精通擊劍、射擊、格鬥等武術。長相甜美如天使，黑色緊身衣下的身段曲線如魔鬼。兼具知性與性感。年輕影迷只知道她演過《冰與火之歌》提利爾家族大家長，一個利嘴心機老太婆，有點可惜。順帶一提，《復仇者》影集的男主角、第一任及第二任女主角，都參演過〇〇七電影。

導演 Peter Hunt 也不弱，雖是首次執導，但他可是從《第七號情報員》開始就擔任每部龐德電影的剪接師，也是《雷霆谷》第二部門導演。他創出一種快速、緊湊、移動的剪接風格，特別適合〇〇七這種動作片。已經分不清楚是〇〇七選擇了他的剪接風格，抑或是他的剪接風格打造出〇〇七。

傳聞拉贊貝當年在拍攝過程大頭症發作，與其他演員不合，覺得製作單位看不起他。此外他也不願困在龐德電影，想打出另一片天。我不敢說到底發生什麼事，因為捲進這事的人各說各話。總之，電影剛上映就鬧翻。拉贊貝出席首映會公開造勢，卻蓄長髮、留一臉大鬍子故意不像片中的龐德。

他認為，龐德只是一個虛構人物，你們何必在乎台下真實的我是否像他？真人要去模仿假人？荒謬。那個年代的年輕人，多少難免叛逆些。一九六八年的法國，有「五月風暴」學生革命；六十八年到六十九年的日本，有東京大學學生運動，全共鬥占領安田講堂；六十八、六十九年的美國，嬉皮文化達到高峰，高舉反戰、反社會，要性自由、愛與和平與大麻。當時世界氛圍如此，年輕人心情如此。

他有他的主見，只是不太符合江湖道義及老闆利益。事後諸葛來看，他如果能夠多忍耐幾年，再接拍幾部〇〇七，把票房提升，站穩影壇大哥大位置，哪怕什麼理想不能實現？像他之前、之後的康納萊及羅傑．摩爾，多風光啊。尤其是康納萊，離開龐德之後參演的電影作品多采多姿，演藝生命發光發熱，因為地位夠高，一時興起回頭大罵電影製片公司及好萊塢更是毫無忌憚。

欣賞《女王密使》的門徑是，認清她首先是一部愛情電影，然後才是龐德電影。《女王密使》最重要的元素是愛情，最特殊的設定是龐德動了真情，找到真愛，甚至結婚。在二十五部龐德電影裡，除了本片及丹尼爾．克雷格版之外，龐德從未如此認真。

龐德的真心到達怎樣空前絕後的高度呢？前文稱呼《女王密使》的代名詞用「她」，因片名 *On Her Majesty's Secret Service*。此 Her 意指英國女王。本片出現多次英女王的肖像，也是國家的象徵。龐德中校本是忠於國家、效忠女王，甘於出生入死的鐵桿愛國者。惟他的工作不容許有後顧之憂，權衡國家與愛人，他決定辭職，不再「Service」英女王，轉投效崔西女王。就是這個承諾，讓崔西相信龐德的真心，欣然同意求婚。

電影以海邊邂逅起，而不是慣常的經典開場噱頭戲。再來是賭場英雄救美，男女互不信任的衝突，女方老父的拜託，生日宴會的重逢並突破崔西自暴自棄自卑的心防。電影前段專心處理龐德與崔西的感情進展，甚至稀奇地放了一段由阿姆斯壯伴唱、男女主角談情說愛、走來走去的 MV，足足搬演了三十八分鐘才開始辦公事，潛入瑞士律師辦公室。

追查布洛菲下落及扮裝潛入雪嶺飯店研究所，當然是正事，甚至應該是主線，但是這條線終究只是為了服務這對戀人而已。鍥而不捨的追殺只是提供生死與共的酷烈環境，讓龐德與崔西離不開對方，願意承諾對方一生，走進婚姻。而進攻雪嶺飯店武裝行動，正是岳父送給未來女婿的嫁妝大禮。「也許就因為要成全她，一座大城堡傾覆了。」崔西線與布洛菲線看似兩條線，分析起來，總共只有一條線：愛情。

喬治・拉贊貝曾經抱怨過，拍攝這部電影過程曾提出許多建議，但是都被製作人漠視，他們認為他是大外行。例如龐德從雪嶺旅館偷溜，滑雪逃亡這場動作戲，他建議可以加一個噱頭，讓龐德滑出斷崖，飛到空中，踢掉滑雪板，拉開降落傘（等於是龐德玩極限運動）。製作人說哪有多餘預算拍這麼高難度的特效？雖然作罷，但是很巧妙地，多年以後，《海底城》開場雪地追殺戲完美呈現這個驚險橋段。

如果不考慮預算夠不夠，就電影論電影，綜觀這整段逃亡戲，確實沒必要。龐德因需要更多情報（手段是漁獵女色），被班女士（Irma Bunt）識破抓起來，接著布洛菲忙著要催眠女孩們沒空理他，先關進纜車機房。龐德好不容易從機房脫出，潛回旅館探知布洛菲真正的陰謀，趕緊趁黑夜逃出，滑雪下山。當時頗狼狽，別說什麼 Q 給的祕密武器了，連起碼一把槍都沒有，一路被武裝滑雪隊急速追殺。

視線不良，摔倒折斷滑雪屐，且逃且藏，運用機智幹掉兩個槍手（如拉贊貝構想，一樣滑出斷崖，飛到空中，但是歹徒沒有降落傘），抵達小鎮，躲進庫房打退兩名追兵，混進慶祝聖誕的人群。然而班女士率一票手下（以及呲牙裂嘴的白熊人偶）緊咬不放，逐漸逼近，鏡頭快速切換，龐德心情徨恐，幾近無助。逃到體力透支、無計可施之時（小說描述，「他頭低下來，像頭受傷的公牛」），女主角崔西如天使般滑進眼前，是為劇情一大轉折，讓觀眾情緒提升至最高昂。好不容易塑造出龐德體虛、氣弱、狼狽的一面，如果中間插入龐德飛空跳傘的英勇畫面，非常不搭嘎。製作人不採用也有道理。況且龐德鼠竄，敵方也緊急出動，如何安排揹上降落傘？也很突兀。

在前一集電影《雷霆谷》，龐德與魔鬼黨首領布洛菲已經打過照面，接續的《女王密使》裡，為何布洛菲初見面第一眼認不出龐德？別跟我說是因為龐德換人演了。是龐德易容易得好嗎？但龐德扮裝宗譜學者並沒有易容，且他的行事風格不喜歡易容。原因是，電影拍攝順序反了。於小說原著，先有《女王密使》，接著才是《你只能活兩次》／《雷霆谷》。

在小說世界裡，魔鬼黨首領布洛菲只在《霹靂彈》、《女王密使》、《雷霆谷》連續三集裡出場。布洛菲於《霹靂彈》只在幕後遙控盜劫原子彈行動。而龐德要到小說《女王密使》才與布洛菲頭一次面對面。到《雷霆谷》則了斷二人惡緣。

說到惡緣，以下必須說說龐德與布洛菲的恩仇糾葛。

〇〇七電影拍到第二集就出現布洛菲這號人物，宣稱第一集的諾博士也是他的手下，不爽龐德摧毀蟹島，策畫美人計要除去龐德。他在第四集《霹靂彈》則僅躲在簾幕後，召開黨員大會指導盜劫行動。接下來於第五集《雷霆谷》才正式露出完整真面目。飾演布洛菲的演員 Donald Pleasence 是英國專業演員，他後來在恐怖片經典《月光光心慌慌》（*Halloween*，一九七八）飾演治療、研究殺人狂 Michael Myers，並追蹤不捨的精神病醫生 Dr. Samuel Loomis。布洛菲逃出火山祕密基地，於是接著有第六集《女王密使》的追捕行動。然後我們都知道那場悲劇了。

龐德結婚並痛失愛妻，堪稱是龐德人生最重大事件，引致龐德性情大變，甚至無法專注工作，幾乎危害同事性命及國家安全。弗萊明於小說續集《你只能活兩次》開頭描述龐德的創傷症候群，M為了救起一個好部下，只好丟出一個困難的日本任務以期他能振作，於是發展出《你只能活兩次》這個故事。但是反觀龐德電影，自《女王密使》之後，並沒有著力描寫龐德的頹喪，因喪妻悲劇而影響他的人生觀、感情觀、事業觀。每部龐德電影都切割這段不堪。難道英雄不能為情所困？也不能困於過去的悲劇？可能是製片人不想繼續呈現感情脆弱的龐德或者無情有淚的龐德吧。不過就是娛樂電影，嘻嘻哈哈鬧他個一百二十分鐘就好，何必弄得觀眾不開心？

第七集由史恩．康納萊回鍋主演《金剛鑽》。編劇企圖讓龐德追捕布洛菲以便於形式上銜接《女王密使》。電影開頭，〇〇七奔波世界各國，暴力脅迫幾個線民，探聽布洛菲下落，總算混進祕密整容醫療室，把布洛菲送進岩漿裡。接下來追查本片主題國際鑽石走私案，不料最後大魔頭又是布洛菲。不知他有幾個分身？總之，劇終時把布洛菲與控制衛星武器的鑽油平台一起摧毀了。雖然報了仇，但純屬公事公辦，康納萊龐德談笑用兵，完全不涉私人感情，更沒有什麼情緒，彷彿《女王密使》悲劇發生在平行世界另一個龐德身上。也可以說，製作單位利用《金剛鑽》完美切割了龐德形象。脆弱、哀痛、失敗的龐德形象永遠歸屬喬治・拉贊貝。因為電影老闆不想再賠錢啦。

往後的龐德電影再也沒有算這一本帳。羅傑摩爾的龐德上床開炮、下地開槍，一路嘻笑怒罵。要到一九八一年《最高機密》（*For Your Eyes Only*）開場戲才又拉出一些往日恩仇。

鏡頭一拉開，龐德去愛妻墳上獻花默哀。墓碑上寫著：

TERESA BOND / 1943-1969 / Beloved Wife of / JAMES BOND/ We have all the time in the world

隨即情報總部緊急召見龐德，派了一架直升機來接。飛到倫敦市區上空，飛行員突被電死，整架飛機被人遙控，原來是布洛菲搞的鬼。布洛菲理個大光頭（背影像極了泰力・沙瓦拉，所以承接《女王密使》？），套著脖套，坐在輪椅上，抱著不知第幾代的寵物白波斯貓，遙控直升機操縱龐德的生死，洋洋得意。龐德於危急之下，逃出艙外，爬進駕駛艙，拔掉外部控制管線，奪回直升機控制權。用腳架把布洛菲抬起來，輪到布洛菲求饒救命放他下來，龐德遵辦，從高空放他下來，哀嚎慘叫聲中，布洛菲連同輪椅一起掉進工廠巨大煙囪，想必是活活捽死。死絕了。因為之後，布洛菲再也沒出現於龐德電影。直到三十五年後，二〇一五年克雷格版龐德《惡魔四伏》才以「重開機」面貌出現。

一九六九年問世的《女王密使》，後座力超強，幽怨纏綿五十年後仍然影響龐德電影及龐德本人。二〇二一年上映的《生死交戰》緊緊扣住龐德的真情摯愛、人生伴侶與血脈傳承，也就是更為人性溫情的那一面。《生》刻意承接《女》的戀愛結婚脈絡，等於《女》的變形。《女》主題歌，路易斯・阿姆斯壯的「We have all the time in the world」歌聲及旋律再度響起，貫串《生》電影首尾。在開頭，先於觀眾心中埋下不安的種子，「這一對該不會又出什麼事？」；在結尾，則是感歎天地不仁、人事已非的淒美。這一份淒美，其他龐德電影都沒有，必須上溯至《女王密使》。可以說，欣賞《生死交戰》的門徑，首先就是把《女王密使》再拿出來複習一遍、二遍、三遍。

小說《女王密使》解釋崔西為何自暴自棄、開車遊蕩甚至想輕生：因她和伯爵離婚後帶著女兒相依為命，遇到龐德的半年前，她的女兒不幸因脊髓腦膜炎去世。電影裡沒有這個設定。而《生死交戰》落幕時，則由 Madeleine 駕車載著五歲女兒 Mathilde 馳騁於山間道路奔向未知的未來。倖存的年輕母女，對照另一組早夭的崔西與女兒，生存與死亡之間，耐人尋味。

最後提供兩個小彩蛋：

電影及小說都提到，龐德去宗譜紋章院了解宗譜世系相關基本知識。院士把歷史名人湯瑪斯・龐德的家譜找出來，企圖研究古之湯瑪斯與今之詹姆斯兩龐德有無宗族關係。這位湯瑪斯是太后家務的主計長，冊封從男爵，倫敦龐德街因他的成就而命名。他的家族紋章上有句座右銘：「**The World Is Not Enough**」。後來被拿來當作第十九集《縱橫天下》的片名。

小說第十二章，龐德來到雪嶺飯店的餐廳。女總管 Irma Bunt 向他介紹正在用餐的諸位社會名流，如某某公爵、夫人、爵士等等。其中有一位「And that beautiful girl with the long fair at the big table, that is **Ursula Andress**, the film star. What a wonderful tan she has!」赫然是擁有一頭長髮、棕褐美肌的電影明星**烏蘇拉・安德斯**。龐德迷讀至此，必定精神為之一振，她正是《第七號情報員》女主角。《女王密使》原著小說出版於一九六三年四月。《第七號情報員》上映於一九六二年十二月，烏蘇拉參演的消息當然更早於此。從時間差來看，易安・

弗萊明讓龐德女郎烏蘇拉於小說中客串出場，落筆之時應已經看過《第七號情報員》電影。「一頭長髮、棕褐美肌」也符合烏蘇拉在該片中的形象。

可惜《女王密使》電影裡沒有這一幕，否則，把因為電影而衍生的小說趣味放回電影去，讓烏蘇拉客串飾演「因知名諜報電影而走紅的明星烏蘇拉安德斯」與龐德寒暄兩句，真真假假，虛構與真實互相映射再映射，後設再後設，豈不意味深遠？

3

墜入黑暗界的龐德：〇〇七小說與電影中的金鎗人

英國大導演蓋．漢彌爾頓（Guy Hamilton）於二〇一六年四月二十日在西班牙過世，享年九十三歲。

蓋．漢彌爾頓專門執導娛樂大片、鉅片，最有名作品當屬戰爭片《不列顛之役》、《六壯士續集》、白羅探案之《豔陽下謀殺案》及四部〇〇七電影。不過，像《不列顛之役》、《六壯士續集》這幾片，資金高、格局大、企圖強，演員又多又好，條件這麼優厚，卻可惜大而無當，略嫌散漫。

然而他執導的四部〇〇七電影，成績倒不惡，不算最好，起碼達到中上，且都是〇〇七系列里程碑：

《金手指》（一九六四）是〇〇七電影從小格局諜報片擴大規模與娛樂性成為噱頭片的起點。

《金剛鑽》（一九七一）史恩・康納萊回鍋演〇〇七，也是最後一次（巡弋飛彈那集不歸入 **Eon** 正宗嫡系）。

《生死關頭》（一九七三）承先啟後，羅傑摩爾首次飾演龐德，影片風格大變，彷彿嗑藥拉 **K** 進入迷幻巫毒世界。

《金鎗人》（一九七四）讓羅傑摩爾站穩腳步，並確立以搞笑綜藝路線詮釋〇〇七。

對我個人而言，《金鎗人》（*The Man with the Golden Gun*）尤其重要，因為它是我進戲院看的第一部〇〇七電影，傻呼呼地與表哥表弟們一群小屁孩同去西門町豪華（或是日新、樂聲？）戲院。龐德熱吻舞孃小腹肚皮那幕對於小學生太刺激，至今難忘。之後從《海底城》到最新的《生死交戰》，每集上映必定去戲院報到。

《金手指》、《八爪女》與《金鎗人》均以劇中反派主角作為片名，照理說這幾位掛上片名的人物應該留給觀眾強烈印象。然而金手指、八爪女角色塑造稍嫌扁平，還不如片中出場幾秒鐘的金身女屍與摺疊翼迷你飛機讓人激賞。金鎗人就不同了，在編導用心打造下，他可能是〇〇七電影系列實力最強、最受禮遇的反派。

「高大、冷峻、優雅；聰明、機警、殘酷；身手不凡、擅長擊技、槍法一流、喜好美女名車好酒、擁有高科技祕密武器、掌握世界間諜網與機密情報」以上文字描述對象不是詹姆斯・龐德，而是電影中那位使用金鎗的男人「法蘭西斯柯・史卡拉曼加（Francisco Scaramanga）」。世上最頂尖殺手，殺一人要價一百萬美元，從未失手。他擁有妖豔的情婦、提供後勤的侏儒管家、鋼筆打火機組合的金鎗、插翅飛天的跑車、私家仙境孤島、轟掉小飛機的雷射砲各方條件都不輸龐德。

評論者認為，這位史卡拉曼加可說是龐德的「本我」，彷彿被黑暗原力拉進邪惡深淵的西斯武士版「龐德」。如果哪一天龐德覺悟官場不可待，國家不可靠，好人不可當，棄職離去：「從明天開始我要當壞人了喔……」那麼他就會變成史卡拉曼加。

龐德電影的特色是每集開頭都有一小段驚心動魄的開場戲，自象徵槍口的白光圈移進銀幕帶出「鎗管膛線鏡頭」起，至主題曲響起止，雖只短短十幾分鐘，但導演盡力塞進趣味、追逐、打鬥、爆炸，龐德預先展現他的伶俐身手及冒險行動給看倌們瞧瞧，有時候這一小段戲竟比正片好看。

但是《金鎗人》的開場戲卻空前絕後以反派史卡拉曼加為主角，結結實實主演一場，龐德只能以蠟像形式呆立。此前此後所有反派都沒有這種隆重待遇。只有《第七號情報員續集》的開場，大殺手勞勃·蕭（Robert Shaw）與龐德平分一半戲份，但還是比不上《金鎗人》。

簡單分析這開場戲，可以玩味編導塑造一個角色的用心。

招牌白光圈固定後，畫面拉開，海邊、涼椅歇著一泳裝美女。隨即可看出這是某小島海灘（後來變成國際觀光景點攀牙灣〇〇七島）。一個侏儒管家以滑稽的步伐，捧著一盤冰鎮美酒走上前來，因太矮，整張臉都被酒桶擋住。一美一怪，都只是用來襯托主人。真正的主人從海裡游上岸，美女趕緊用浴巾幫他擦乾身體（特寫主人胸口三個乳頭，是重要伏筆），從上而下一路擦到大腿（性暗示強烈），但是那酷漢並沒有理睬跪著服侍他的美女（對美女的冷酷，表示他的無情與絕對權威，所以後來出事了）。

陌生的客人從另一頭登島（背景可見知名的柱狀岩與正離去的小船）。侏儒管家塞給他一包錢作為幹掉主人的酬金，原來來人是職業殺手。殺手潛入屋內埋伏，準備好滅音手槍並得意奸笑。侏儒躲在幕後操控各種聲光設備等著看好戲（觀眾驚訝這簡直是養老鼠咬布袋）。酷漢先是日光浴、吃鮮蚵、喝美酒，渾然不知情下走進屋內。冷不防於體能訓練室與殺手打了照面，矯捷地飛身竄開躲過第一槍（表現他的身手不凡），又丟擲鐵件聲東擊西分散殺手注意（表現他的急智）。接下來殺手被侏儒引導走進迷魂屋，幾個從遊樂場搬來的假人、假槍整慘他，浪費許多子彈，陷入驚慌。多面轉動的鏡子讓他分不清真相假相。

迷魂屋設計太好，連主人自己都上當，拿不到反映在鏡子上的金鎗（這也遙遙呼應結尾決戰：地主不見得有主場優勢）。侏儒笑說，經過我調整，這次比較困難喔。主人迅速滑下機關斜坡、閃開來襲子彈、取鎗、一發正中殺手腦門，電光火石一氣呵成（神鎗絕技不輸龐德）。他調侃殺手，若想賺他的錢必須表現得更好，要狠開了幾鎗打掉龐德蠟像左手指頭。這尊蠟像不是擺好玩的，它表示龐德早已是金鎗人鎖定的目標，而且龐德的長相、身高、髮型、外貌已完全被敵人掌握，其精準微妙可以直接送進杜索夫人蠟像館。最後，特寫停在蠟像龐德那惶然茫然、略帶不安的表情（蠟像根本就是羅傑摩爾自己下去演的吧）。

《金鎗人》小說原著中，英國MI6檔案裡有更多史卡拉曼加的細節。

史卡拉曼加，一九二九年出生於西班牙加泰隆尼亞。髮色略紅。棕眼。身高六呎三吋（龐德是六呎），即一九〇・五公分。身上最奇特徵為左胸多了一顆乳頭。從美國拉斯維加斯黑幫發跡，協助古巴卡斯楚革命並暗殺政府官員要人，「金鎗人」名號在古巴如幽靈般恐怖。與蘇聯KGB密切合作活躍於中南美洲，英國多位情報員或傷或死於金鎗下。他與蘇聯密謀準備煽動美國黑人暴亂，並偷渡鴉片進入美國。

史卡拉曼加墜入黑暗面的過程，是整本小說最傷心動人的章節。

史卡拉曼加從小跟著父親的馬戲團巡迴演出，他天賦好，槍法神準，還學會空中飛人、跳板飛人、神鎗飛靶種種雜技，拿手戲是扮成印度王子與三頭象搭檔表演。

一九四六年，一六歲的他巡演來到美國某城，公象穆司適逢交配期，因管理員疏失導致牠於表演中發狂，把小史卡拉甩飛，衝撞觀眾造成死傷，奔出棚外而去。保安警察組成車隊追逐，穆司跑了好遠，野性才舒緩下來，平靜往回走。保安警察隊看到牠折返，怕馬戲團觀眾又被傷害，十幾支步槍齊發，打得壯象遍體鱗傷。象狂奔，跑到帳篷外想起那是牠的家，遂「搖搖晃晃向布帳中走來，牠沒有再傷害任何人，來到布帳中央表演場，已失血過多，仍掙扎著，在空無一人的表演場上，繼續以使人極為感動的姿態，表演著牠過去曾經表演過的節目，牠那吃力掙扎樣子，繼繼續續的表演，使人看了心都會碎的，因牠一邊在死亡痛苦中，發出呻吟般的嘶鳴，聲調悽慘悲涼，同時，牠一邊還要使出最後的力氣，撐起一隻腳，再三想站起來，一次又一次，可是終又跌倒下去……」

「小史卡拉一面喊著穆司名字，一面用繩索投向牠，想像平日一樣，把牠領回籠中，去撫慰牠、醫療牠」正當這時候，勇敢的保安警察隊長趕到，衝到穆司面前約兩三尺處，舉起手槍，連開三鎗打進穆司雙眼之間，「穆司慘叫一聲，就像一座小山崩潰一般倒在地上，抽搐著死去。」

小史卡拉心中火起，立刻拔出他的表演鎗，也開三鎗，蹦蹦蹦子彈穿過隊長的雙目中間。隊長一聲都來不及發出就死去。雖然有十多名警察在場，小史卡拉還是機警地趁亂脫逃。之後他加入黑幫以神鎗技行走江湖，反社會、反體制、反法治，變成可怕的金鎗人。

老電影裡，惡人的宿命就是要栽在好人手上。我認為電影版金鎗人則是栽在自己手上。他原本有機會可以與龐德於海灘一對一公平對決，勝算至少有五十趴，卻不認真決鬥，逃進他的迷幻屋，企圖利用迷幻道具擾亂龐德心智再殺了他。一個世界級神鎗手應該相信自己的鎗，不應該相信假人與鏡子。除非他自己認為自己終究不過是馬戲團走江湖把式。鎗走偏鋒，機關算盡，終於讓精心設計的機巧誤了性命。是殺人特務龐德在這部片內唯一殺掉的人（也創了〇〇七系列紀錄，阿彌陀佛）。

《金鎗人》是弗萊明〇〇七系列最後一部長篇小說，一九六五年四月一日於英國初版。弗萊明在《女王密使》讓龐德新婚妻子死於非命，下一本《你只能活兩次》讓消沉的龐德去日本暗殺布洛菲，大仇得報，龐德重傷失憶並退出江湖。本應是完結篇，但《金鎗人》又讓蘇聯把洗腦過的龐德送回英國刺殺長官M，MI6逮到他、治療他並允許復職。新指令就是幹掉危害自由世界的金鎗人。《金鎗人》在原先構想上應是龐德「重開機」之作，不料卻成為最後一部。

弗萊明係一九六四年一月至二月在牙買加的自家「黃金眼」別墅寫出新小說。三月帶著初稿回英國，並寫信告知他的文字編輯 William Plomer，新作仍須大幅度重寫。弗萊明對於此作頗不滿意，計畫利用一九六五年春天重新改寫，但 Plomer 反對，認為目前成果已可出版。從牙買加回來才五個月，一九六四年八月十二日上午，弗萊明因心臟病過世。《泰晤士報》訃聞說，他「已經完成，並正在修訂一部新小說」，指的就是這部《金鎗人》。

電影中的史卡拉曼加由克里斯多福・李（Christopher Lee）飾演。選角確實得當。克里斯多福・李在五〇年代後期，歷六〇年代至七〇年代初，飾演過多部吸血鬼卓九勒電影，可說是現代卓九勒代言人。銀幕上高大的身材（六呎五吋，約一九五・六公分，比史卡拉曼加還高一點），翩翩優雅的風度，骨子裡帶著與生俱來的邪惡殘忍，這形象與金鎗人幾乎百分百契合。他後來飾演的知名角色如魔戒之惡巫師薩魯曼、星戰之壞武士杜酷伯爵也都符合這個特性。二〇〇四年，他在 PS2 電玩遊戲〇〇七概念世界觀的《GoldenEye: Rogue Agent》中，配音再度飾演史卡拉曼加，距離電影演出已經三十年了。

提供一個額外小八卦：克里斯多福・李於兒時，父母即離異，媽媽帶著他與姊姊改嫁，繼父就是易安・弗萊明的舅舅，這段婚姻使克里斯多福・李與弗萊明成為表兄弟。弗萊明曾經屬意由李飾演《第七號情報員》的諾博士。據說李也曾是龐德的人選之一。

後記：修改此稿期間，得知當年同去西門町戲院看《金鎗人》的小屁孩們，其中一位小表弟，大舅的二兒子，於二〇二一年十一月二十二日罹癌去世。導演、演員、戲院、觀眾乃至最寶貴的記憶，逐一被時光淘洗，緩緩褪逝。唯一不會消失的，只剩下電影本身。世緣不滅，合十。

第四章

科幻、特攝、哥吉拉與蝙蝠俠

1

日本科幻特攝電影縱浪譚

（一）目前尚無日本科幻暨特攝電影專論

提起科幻電影，觀眾已熟知好萊塢科幻，是歷史悠久且發展成熟的電影類型。然而提起「日本科幻電影」，觀眾可能一時抓不到頭緒。感覺應該有，卻想不起來哪幾部？納悶：「日本科幻電影？就是演員穿著塑膠衣假扮怪獸猛踩模型的那種電影？或者演員穿著塑膠衣假扮超人猛踩怪獸的那種電影？」

「那種電影」是科幻電影的兄弟，所謂的「特攝」。

查諸現有華文出版品，不論是科幻電影論著或者是日本電影論著，尚無專論「日本科幻」電影，更遑論「特攝電影」。學術界甚少關注於此。即使有影迷作過研究，僅傾向單一作品賞析，較少縱向宏觀回顧，且珍貴研究成果僅限同人間流布，一般大眾不知。因此，本文嘗試以漫渙筆觸，談談筆者粗淺認知的日本科幻暨特攝電影。

至於科幻動畫電影，也是日本科幻電影的重點，數十年來發展風風火火，如繁花盛景，然而「動畫」屬於另一大議題，應另案處理，本文省略不提。

（二）日本百大電影名單內沒有科幻片

日本科幻小說、漫畫、動畫一向蓬勃發展，甚至質與量與經濟收益達到極高成就，部分作品概念能影響全世界科幻界，甚至啟發好萊塢。例如動、漫畫《攻殼機動隊》、《阿基拉》，已公認是諸多電影人的創意源頭。作家櫻坂洋二〇〇四年出版輕小說《All You Need Is Kill》被改編成阿湯哥科幻大片《明日邊界》（*Edge of Tomorrow*）。

日本的動畫、漫畫、電玩，合稱ACG（Animation、Comic、Game）產業，執世界牛耳，光是漫畫一項年收益就可達到六千億日圓！但是，一樣是依託於科幻題材，只是換成不同的媒體、載體，真人演出的科幻電影卻沒有相對應好成績。日本權威電影雜誌《電影旬報》票選二〇世紀日本百大電影名單，出現了武俠片、黑社會片、神怪片、情色片、動畫片，就是沒有科幻片。

牧野省三、小津安二郎、山中貞雄、溝口健二、衣笠貞之助、稻垣浩、內田吐夢、伊丹萬作、成瀨己喜男、黑澤明、今井正、大島渚等等，這些已被供入電影藝術英靈殿的大導們，其作品有迎合大眾娛樂的武俠片、戰爭片、神怪片、情色片，惟獨沒有科幻片。

究其原因，大概是武俠、戰爭、神怪、情色等類型電影都可以承襲日本傳統文化，例如任俠道、武士道、歷史演義、忠君報國、庶民風土、情色風俗、浮世繪、能、歌舞伎、落語、講談、物語、怪談等，均是源遠流長的國粹與資產，乃至整個國族的共同記憶，電影人運用起來得心應手。日本電影工業興起之後，這些元素立即從現有的舞台或書本移植入電影，充分發展，迅即臻於成熟。

對於東方亞洲國家，科幻電影畢竟專屬於「新潮的」、「外來的」、「西方的（甚至可說是美國的）」，必須整個社會對西方科學知識有初步認識，基本興趣，電影製作必須先以科幻文本為基礎（亦即，必須其國內已有相當數量的科幻文本或已經引進翻譯西洋科幻文本如小說、電影等作為參考模仿），搭配先進精細的特殊攝影技術來執行。更重要的是，電影公司必須投入比一般電影更多資金成本，卻要冒不一定能回收的風險。因此早期拍攝科幻片，一沒有土壤，二沒有種子，三沒有肥料，四沒有賞花客，殊為難事。

日文不常用「科幻」這個漢字名詞，即使有也是從中文借來。一般是以「ＳＦ」來稱呼我們所謂的「科幻」，以「ＳＦ映画」來稱呼我們所謂的「科幻電影」。

科幻片在日本影史上起步晚、數量少、場面小、格局窄（整個亞洲皆然），且因特殊的時空因素，使日本科幻電影的「路線」又岔出歐美科幻電影少見的「特攝」一路，令ＳＦ與「特攝」息息相關幾至不可分。

（三）特攝電影與超級英雄電影，大家都在賣玩具

確實，大多數特攝片只是披著科學幻想、乃至空想的外皮，實質是玩具廣告片。說得再更誇張一點，科幻片本來就逃不掉賣玩具的宿命。目的是製造酷炫奇特的超人、怪獸、怪人、機器人、武器、車船飛機，只希望小朋友們看完節目後趕快上街去買。特攝的科幻基因不夠強，或許無法達到科幻行內人士對於「科幻」的嚴格標準。但即使如此，並不能否認那張薄薄的科幻的外皮。

好萊塢科幻電影的起點就是特攝。例如一九三四年的《廿五世紀宇宙戰爭》（*Buck Rogers in the 25th Century*），描述太空人遇險被彈送到未來的西元二五世紀，負擔起拯救地球的任務。主角 Buck Rogers 可能是電影史上第一位超級英雄。一九三六年的《閃電戈登》（*Flash Gordon*），肌肉發達的英雄戈登聯合各類奇怪的外星民族，與邪惡的野心帝王「冥皇」對抗。這些古董科幻電影，骨子裡也就是如今我們認知的「特攝」電影。這種太空冒險歌劇、超級英雄片型傳承至今日，就是《星際大戰》（太空冒險）、《蜘蛛人》、《蝙蝠俠》、《超人》、《復仇者聯盟》等等。

附帶一筆，漫威超級英雄首次登上銀幕是一九四四年上映的《美國隊長》，由Dick Purcell主演，Republic電影公司製作。只是美國隊長於此片中的姓名及職業都改掉，不用盾牌，倒是拿起一把手槍。中國上映時，片名取為《無敵大探長》，完全不會聯想到超級英雄，倒以為是尋常的警探劇。

DC、漫威超級英雄電影發展至今，玩具還是要賣的，不過已試圖從「目標觀眾鎖定低年齡層」的策略中掙脫，建構嶄新世界觀，重新設定超級英雄的環境、心境與困境，深入探討人性的善惡、責任、選擇、犧牲等諸多課題，朝向「作者論」靠攏，甚至接近兒童不宜的黑暗面。美國特攝片已到這個程度，日本特攝片亦未嘗沒有這樣的企圖。例如宮藤官九郎編劇、三池崇史導演的《斑馬人》、塚本晉也自編自導自演的《鐵男》，即是日本特攝片中，黑暗大人向的代表作品。

哥吉拉、超人力霸王、假面騎士、戰隊這種「給小孩子看的」，被臺灣片商逕稱為「人形卡通」的節目，雖然常常成為《空想科學讀本》調侃的對象，卻也並非只知亂打一氣。若觀眾願意抽絲剝繭深入探討，當可以發掘不少「靠片」（cult Film）般的「惡趣味」，其中暗藏的象徵及旨趣亦頗堪玩味。

（四）日本特攝電影的定義

科幻電影的基本技術就在「特攝」。在討論特攝電影（特撮映画）之前，有必要先釐清定義。

廣義：凡是電影中運用到特殊攝影技術者，均可稱為特攝電影。但是這個定義太寬泛。例如文藝片《Always 幸福的三丁目》（ALWAYS 三丁目の夕日，二〇〇五）大量使用特攝技術，但一般不會把這類文藝片列為特攝片。二〇一七年山崎貴執導，堺雅人主演的《鎌倉物語》，用上大量特效、化妝技巧，是可以歸於特攝片，但是3D電腦繪圖味重，特攝味淺，還是稱為奇幻片就好。

隨著時代演進，「特攝電影」所指涉對象範圍逐漸縮小，今日日本影界所謂「特攝電影」主要是專指怪獸、妖怪、變身英雄、SF等特效掛帥的電影。甚至最狹義的「特攝」定義，意指：由真人演出主要角色（包括各種英雄、怪獸、怪物），且劇中角色須有特殊的化妝、變妝、膠皮裝。純屬於「昭和風情」。

（五）特攝／科幻電影的源頭是戰爭片

「電影」本身就是日常生活即可見的視覺特效。最早一群電影觀眾曾經被衝向銀幕的火車嚇得逃離戲院。自電影發明之日起，電影人就懂得運用特效攝影術，例如將美女縮小裝到玻璃瓶裡，將美女的頭切開仍能開口唱歌之類的「魔術」特效；騎著飛行腳踏車飛過巴黎上空等等，令舉世為之顛倒，當時還沒有「科幻電影」這名詞呢。法國的梅里愛自一八九七年起就在電影裡玩特效。他在一九〇二年拍出長達二十一分鐘的《月球之旅》，一艘砲彈形狀的太空艙擊中月亮的右眼，這個畫面幾乎收錄於每一本電影史教科書。

二〇世紀初，日本電影工業剛剛起步，拍攝神怪忍術武俠片及怪談恐怖片時就已經運用過剪接、借位、燈光、化妝、道具、爆破等特攝技巧，來表達飛行、隱身、忍術、幽靈鬼怪出沒等劇情。日本電影風風光光經歷了默片時期及第一個黃金時期（西元一九二七——一九四〇年，依據四方田犬彥在《日本電影100年》一書的說法），只是「科幻電影」尚未出現。

二次世界大戰前夕，高張軍國主義的日本帝國，拍攝諸多戰爭片作政治宣傳（即所謂的「國策映画」），以宣揚國威，激勵國民士氣。既然是劇情電影，為了達到戲劇效果，不能只用紀錄片來代替所有戰爭場面，也不能只拍陸戰，軍方的巨砲、戰車、飛機、船艦也不見得可以配合升空、出海、上陸。製作單位只好自己想辦法無中生有，因此意外造就一批特殊攝影專業人員，擅長製作城鎮、建築物、船艦、車輛、飛機縮小精密模型，在片場造出高山、大海、藍天，並且模擬海戰、空戰，製造轟炸爆破等戰鬥場面。

如一九四〇年，當時美日尚未開戰，軍國日本已揚威東亞，東寶映畫製作的戰爭片《海軍爆擊隊》及同年度《燃燒的大空》（燃ゆる大空）等片，即由日後人稱「日本特攝之神」的円谷英二先生擔任特殊攝影，片中製作了戰機縮小模型來拍攝空飛、空戰畫面。是為「特攝電影」的萌芽之作。

円谷英二生於明治三十四年（一九〇一年），逝於昭和四五年（一九七〇）。少年時曾立志當飛行員，可惜因飛行教官墜機身亡，導致飛行學校被迫關閉，於是轉投入平生另一個大志向：電影。円谷看了三〇年代美國經典怪獸電影《金剛》後深受感動，決定朝特攝電影發展。

一九四一年十二月八日，日本偷襲珍珠港（真珠灣攻擊）成功，緊接著十二月十日又在馬來海海戰重創英國遠東艦隊大獲全勝，一時之間，日本海軍威震太平洋。一九四二年，以太平洋戰爭開戰一週年紀念為名目，由大本營海軍報道部企畫（海軍軍方本於文化宣傳政策介入電影工業）、東寶映畫製作、山本嘉次郎監督、名俳優大河內傳次郎、原節子等人演出《夏威夷·馬來海海戰》（ハワイ・マレー沖海戦）。此片特攝監督即為円谷英二。

片中為了偷襲珍珠港劇情需要，特攝製作人員作出各種大小不同比例的夏威夷暨珍珠港地形地貌的精密模型，加上高超的特效處理，令實機實景、攝影棚內景及模型道具互相搭配，導演巧妙地運作鏡頭流動，戰爭場面浩大且逼真。此片流傳到美國後，讓美國軍方誤以為相關戰鬥、轟炸場面是日本軍方紀錄片哩。這些模型製作技術、爆破技巧在無意中，已經為未來的特攝怪獸電影作好準備。

唯一美中不足的是，美軍的軍艦、戰機模型全都是乖乖挨打，並沒有作出開砲、開槍反擊的特效，使得戰鬥呈現一面倒，不知道是因為特效技術尚未成熟，或者是製作時間太倉促？成本不夠？還是政策上有所指示？

（六）可能是日本電影史上第一部ＳＦ科幻電影

在怪獸特攝片尚未誕生之前，ＳＦ科幻電影先行問世。一九四九年九月，大映株式會社推出可能是日本電影史上第一部正宗ＳＦ科幻電影：《透明人現身》（透明人間現わる）。由安達伸生監督。靈感來自美國一九三三年上映的電影《隱形人》（*The Invisible Man*），但是劇情與Ｈ．Ｇ．威爾斯原作完全無關。本片係採用本格推理作家高木彬光的原案，情節充滿偵探推理的興味與懸念。此片亦由円谷英二擔任特殊攝影。主要的特效是用「溶」的技巧把老鼠及人變成隱形、把繃帶解開卻沒有頭的透明人、會走路的衣服褲子帽子以及被透明人開上馬路的摩托車等。故事主旨在於科學無罪，是人類自己濫用科學才製造出惡果。

順帶一提，本片主要角色中里謙造博士係由擅演時代武俠劇的知名男星月形龍之介飾演。這是當時政治指導干擾電影工業的一個例子。戰後盟軍占領日本，由盟軍總司令部轄下的「民間情報教育局」管理日本電影業。該局禁止電影界拍攝時代武俠劍鬥片，以免有心人藉此宣揚武士道思想、尊皇思想、尚武精神，間接讓軍國主義死而復甦，造成治安、政治的動盪。美國人怕死軍國主義及武士道，卻給日本電影界帶來極大的衝擊。戰前大紅大紫的武打劍鬥明星們突然沒有戲演，只好轉換跑道，脫下古裝，捨棄頭套，改演時裝劇了。

此外，劇中研發透明藥的中里謙造博士因為研究遇到瓶頸，竟然承諾底下兩個學生，誰先將透明藥發明出來，就把女兒許配給他。這種類似古代比武招親，充分漠視女權的情節，竟然出現在現代摩登科幻片中，也是頗為可怪。

透明人題材頗受歡迎，後來又拍了一次，名為《透明人間》（一九五四），劇情敘述二戰期間日本軍部成立一支特殊部隊：「透明特攻隊」，戰後殘存的隊員回到社會，卻牽涉到強盜案件的故事。隱然有控訴戰爭戕害人身、社會之意。從此東寶的「變身人間」系列電影一部接一部出籠，分別有：《美女與液體人》（美女と液体人間，一九五八）、《電氣人》（電送人間，一九六〇）、《瓦斯人間第一號》（ガス人間第一号，一九六〇）、《MATANGO》（マタンゴ，一九六三）等等，都是以凡人肉體遭到人類發明的強大科學力侵害為主題，經過「人為」的、「科學」的染指、變形，肉體被「異化」，非人化。這種「異化」傾向於化為一種無形無體（例如透明化、液態化、電流化、瓦斯化等等）的型態，令人無可捉摸，社會無所適從，同時被改造的人，因非人化導致人性也扭曲，轉變為邪惡，或者為邪惡利用，進而犯下普通人辦不到、想不到的罪行，在觀影過程中也達到某種奇觀、恐怖、獵奇的效果。

（七）特攝怪獸片之王《哥吉拉》（ゴジラ，一九五四）

一九五四年怪獸電影《哥吉拉》（ゴジラ）問世，雖然在一般日本電影史書籍內不特別強調，但絕對是日本電影史上一大里程碑。重點不在於它的賣座或達到怎樣的藝術成就，而在於它確立了日本特攝「怪獸電影（怪獸映画）」一新片型，給「特攝」一辭添加了特殊、專用的新定義，不但從此衍生大量的怪獸電影、科幻電影，日後還旁生出「超人力霸王」片型，讓「巨大化」成為特攝片常用的觀念與手法，影響日本電視、電影十分深遠，甚至延燒到好萊塢。

戰後僅僅九年誕生的哥吉拉，注定與戰爭議題分不開。追本溯源，因為戰爭片而發展特攝，因為特攝技術成熟，支持《哥吉拉》電影得以完成。在《哥吉拉》中，安排第一代「哥吉拉」即為被人類製造的終極兵器「氫彈」試爆實驗所逼出來的古生物。平成年代某一集還設定「哥吉拉」為太平洋戰爭戰死怨靈之集合體，怨靈出海肆虐，寄託遙深。

曾有研究者認為哥吉拉的設定是抄襲一九五三年六月的美國怪獸電影《原子怪獸現身》（*THE BEAST FROM 20,000 FATHOMS*）。該片的美國原子怪獸是因為核子試驗而巨大化的太古恐龍，怪獸侵襲大都會紐約，人類利用高壓電網企圖攔截怪獸，最終以生化武器將其擊敗，主要情節與哥吉拉頗相似。

《原子怪獸》的特效是由西洋特攝大師 **Ray Harryhausen** 操刀。《恐龍谷關吉》、《辛巴達七航妖島》及系列之《金航記》、《穿過猛虎眼》、《傑森王子戰群妖》、《世紀封神榜》等恐龍片、神怪片都是他的作品。他處理怪獸、怪物是先製作模型，然後用靜止逐格拍攝（**stop-motion animation**）方式讓怪獸在銀幕上動起來，再把怪獸與真人演出畫面疊加合成。

《原子怪獸》原著故事亦大有來頭。係採用科幻小說大師雷．布萊柏利（**Ray Bradbury**）的短篇〈霧笛〉（**The Fog Horn**）。不過拍成的電影與原著相差甚遠，原著裡的恐龍只摧毀一座燈塔而已。

表達技術方面，西洋怪獸用靜止逐格拍攝，屬動畫技巧。日本哥吉拉則是乾脆讓特技演員穿橡膠皮裝扮演。一個是動畫技術思維，一個是舞台化妝思維。日本怪獸一看就知道是橡皮衣裡塞人，不小心可以看到橡皮凹摺及穿幫的拉鍊，是不是很笨拙？

這一切皆有歷史緣由，如前所述，日本特攝是先發展海、陸、空全景模擬，這些模型在攝影棚搭好後，把整個天、地、城縮小成一個舞台，裡面只差一隻怪獸，很自然發想由演員著裝扮演。加上日本傳統戲劇如能劇、歌舞伎、淨琉璃長久薰陶，觀眾早已習慣舞台上著黑衣蒙面的「撿場」或操偶師，非常能入戲。故日本與西洋特攝遂走向不同道路。當然西洋也不是沒有這套，怪獸電影如沼澤魚怪、變蠅人、章魚外星人之類的也採用過橡皮衣法，但畢竟日本在這個領域發揚光大了。

以下逐一分析哥吉拉的象徵與旨趣，讓觀眾可以體會怪獸特攝片何以引人入勝，讓特攝迷、御宅族津津樂道：

核爆恐懼：

哥吉拉電影海報上標榜此片是「水爆大怪獸映畫」。日文「原爆」即「原子彈爆炸」，而「水爆」即「氫彈爆炸」之意。電影設定因美國在太平洋進行氫彈爆炸實驗，強大威力及放射線驚醒原本長眠於海底深處的怪獸哥吉拉，並且使牠產生突變。哥吉拉無棲身之處，流離失所，故往陸地移動，在海面上擊沉大型船隻，襲擊大戶島，隨後竟於東京品川方面上陸……

一望即知，哥吉拉乃二戰原爆及戰後「核子競爭」冷戰陰影的產物。「水爆」不但是引出哥吉拉的原因，也可以說「氫彈爆炸」這個終極力量化身為海中大怪獸。哥吉拉本身強大的破壞力、口中發射致命死光線，可以和「原爆」、「水爆」聯結一起。拐彎指控美國、蘇聯等世界強權發展核武，進行毀滅性競爭。

片中呈現東京市遭哥吉拉破壞後的街景，一片頹敗、滿目滄夷，活生生就是遭受核子武器攻擊後的慘狀。日本是世界上唯一遭受原子彈攻擊過的國家，五〇年代日本對於原爆餘悸猶存，因此讓哥吉拉把東京破壞掉，是一種心理的投射，是痛史的回顧，災難的重演，這種複雜的心理揉合了日本人對於原爆的恐懼、遭受原爆後集體心靈破碎、自虐被虐的想像心態，甚至衍生出破敗滅亡的畸型美學。

本片製作期間，現實生活正好發生一起因「水爆」而引起的「第五福龍丸事件」，給製片單位一些靈感。

所謂「第五福龍丸事件」，係一九五四年三月一日，日本漁船「第五福龍丸」在馬紹爾群島附近海域捕魚，很不幸，遇上美國在比基尼環礁進行水下氫彈試爆，船上二十三名船員和漁獲全受到核污染。無線通信長久保山愛吉在半年以後的九月二十三日死於急性放射能症。

漁船第五福龍丸無端遭到氫彈試爆輻射污染的事件，震驚日本，引發激烈的反核運動。經過美方與日本政府緊急協商，提出總計二百萬美元的補償金，才壓下怒潮，使反核運動不致轉變為反美運動。所以哥吉拉在海上襲擊船隻的情節，確實有影射「第五福龍丸事件」的意味。

深沉暴力：

自然界生物互相咬嗜撲殺，是為生存，並非暴力。人類大概是地球上唯一會製造暴力的動物，因為自然界只有人類會為了生存以外的因素對其他生物施暴。而人類施暴的對象又往往就是牠的同類。發動暴力，常常引發另一波暴力回擊。以暴治暴的結果，短期內有效，但長期來看，或許新的暴力已在什麼地方悄悄萌芽。

人類所製造最大規模的暴力就是「戰爭」。隨著科學昌明、兵器火力進步，人類戰爭暴力的程度越來越兇猛，殺傷力也越來越驚人。暫且不論前因後果、因果報應或正義制裁等看法，單就生命無可取代的價值來看，廣島、長崎遭受原子彈攻擊，瞬間造成日本軍民無差別三十多萬人傷亡，這是二十世紀人類所製造的巨大暴力之一。外來的暴力會喚醒人類深藏在心靈海底深處沉睡已久的暴力。當暴力波動嚴重攪亂人類心靈之海時，某種從未被查覺的東西就被釋放。從深海底爬出來的，恐怕不是天使，而是見佛殺佛的破壞之神。

哥吉拉即是人類暴力的化身。哥吉拉施展的暴力是人類授與的，牠的狂亂暴力也回敬人類自身。人類能夠作的反應，直覺地派出更強大的武裝部隊，企圖用更兇猛的暴力回擊。槍砲飛彈射向怪獸，怪獸也爪擊踩踏回敬。一來一往，形成暴力的輪迴，城市毀了又建、建了又毀，這是一場人獸大戰，也是人類自心的大戰，是心靈的修羅場。應如何降服其心呢？

天災降臨：

哥吉拉自太平洋生成，緩緩朝日本而來，自東京上陸，施展破壞威力無人能擋，摧枯拉朽，建築物倒的倒、垮的垮，百姓只能倉皇逃命，軍隊雖出動各式武器企圖阻擋亦莫可奈何。這個情境根本就是日本人最熟悉的大自然現象：「颱風」的翻版。

而初代哥吉拉身高五十公尺、體重二萬噸，當牠走路的時候，等於一座小山在移動，當牠接近時，有如地震發生，陣陣超重低頻傳來，地動山搖，加上那似象又似猿的高分貝吼叫聲，令人震撼到逃都逃不動。颱風、地震等都是亞洲環太平洋各國親身經歷的天災，所以日本觀眾乃至亞洲各國觀眾對於哥吉拉帶有「颱風」、「地震」的隱喻，應該都能充分體會。

正邪身分：

第一集的哥吉拉雖然被人類研發的化學武器「酸素（氧氣）破壞劑」化為白骨，照講應該沒戲唱了。但是因為票房超成功，電影公司很快地在五個月內就推出第二集《哥吉拉的逆襲》。在設定上，第二集哥吉拉是另一隻自大海裡跑出來的哥吉拉。從第二集開始，哥吉拉就以沉睡、沉沒、失蹤代替死亡（因為要繼續出續集，也不好每集都從海裡跑出新的哥吉拉），為了賺大錢遂成為不死身。隨著觀眾們捧場喜愛，它的身分也逐漸從負面反派轉成正面，從核熱怨獸、滅國妖獸漸漸轉變成護國神獸，常常以英雄姿態對抗其他來自陸、海、空甚至宇宙的凶惡大怪獸。

不過，哥吉拉角色從良，矯枉過正，逐漸落入俗套，二十一世紀的新版哥吉拉遂重新設定，大幅變動「身分」、「性格」。例如《哥吉拉二〇〇〇屠龍風雲》（ゴジラ２０００ミレニアム，一九九九），此片的哥吉拉性格像是野生動物，憑著生物本能行事，只要察覺到有人類生產能源的場所就專程奔去摧毀；因為外星幽浮對它動手動腳，因此強力反擊；消滅外星幽浮及怪龍之後，不是「功成身退」溜回海底，而是繼續噴射熱核光線摧毀所有擋住牠的障礙物，繼續破壞新宿副都心，無情地在火光中暴吼，真是驕傲的王者，令人又愛又恨。

毀滅地點：

哥吉拉從來沒有去過日本，手上亦無地圖，為何上陸之後就知道朝最重要的東京而去？為何不是直衝甲信越、北陸一帶，或者向西殺到關西京阪神一帶？或者在日本廣袤樹海中迷路？由此可知，遭受怪獸侵襲的地點必須有重要性、代表性、話題性，才會有戲劇性。

哥吉拉第一集很豪邁地將東京鬧區蹂躪一過，這種劇情在某些政治敏感地區不會發生。例如臺灣神怪科幻電影《戰神（或名：關公大戰外星人）》，依照製片家傅清華原始構想，故事地點就在台北，關公就在西門町舉起青龍偃月刀大砍外星人，然而時當戒嚴時期，博愛特區週邊哪能夠讓你們電影人及外星人撒野惡搞！有關單位審查不許，於是劇本被迫修改，模型被迫作廢，地點改成香港，使得台北錯失一次進入特攝電影史的機會，明明是國人自製自拍的國片，卻讓後代影迷誤以為是港片。

除了城市之外，哥吉拉在電影裡面摧毀的目標也有趣。越是有名的地標越是要摧毀它。第一集哥吉拉摧毀國會大樓時，銀幕下的觀眾甚至響起熱烈掌聲。（想像一下，如果哥吉拉跑到台北來一腳把立法院踩爛？）多多少少有抒發長期對於某某機關單位怨氣的功能，並且滿足觀眾心中埋藏的摧毀某種價值觀的慾望，就好像小孩子推倒積木的心情。從此，摧毀日本各地名勝、古蹟、名建築變成哥吉拉的任務，也是一大噱頭。到了《怪獸總進擊（臺譯：宇宙女飛龍）》（一九六八）》，逃竄至世界各國的各大怪獸索性搗毀了巴黎凱旋門、莫斯科紅場等名勝景點。《哥吉拉二〇〇〇屠龍風雲》則是環保哥吉拉，專門挑人類製造能源的場所如發電廠、變電所下手，品味別樹一格。

性別疑問：

哥吉拉到底是公的母的？搞不清楚，在歷年電影中沒有特別交代（後來美版《酷斯拉》倒是懷孕了，生下一窩蛋）。但是在《怪獸島的決戰：哥吉拉的孩子（一九六七）》片中，牠有一個孩子「迷你拉」（從一顆巨蛋里孵化），所以推測哥吉拉可能是「雌雄同體」？當初電影公司為了宣傳製造噱頭，還公開徵求哥吉拉孩子的名字，最後定名為「迷你拉」。

為了撫養「迷你拉」、教育「迷你拉」（教牠學會如何自口中噴出致命核射線），哥吉拉毅然當起單親爸爸（或者媽媽？），在銀幕上度過親子教養時光，在劇終時抱著迷你拉在暴風雪中冬眠。演到這個地步實在太擬人化、太家庭化，哥吉拉也逐漸失去兇暴恐怖的形象，竟然變成隔壁大叔新好男人。

哥吉拉之後：

哥吉拉電影成功之後，不但續集持續開拍，成為大怪獸之王，其他各型大怪獸特攝電影亦紛紛出籠，例如摩斯拉、空中大怪獸拉東、卡美拉、宇宙怪獸等等，常擔任反派角色的三頭飛龍「王者基多拉」也變成受歡迎的明星。其中摩斯拉、卡美拉甚至有自己專屬的系列電影，是大怪獸中的佼佼者。平成年代由金子修介監督、樋口真嗣擔任特攝監督的《卡美拉》（ガメラ）（可不是「照相機」啊！）三部曲：《卡美拉大怪獸空中決戰》（一九九五）、《卡美拉2雷基翁（レギオン）襲來》（一九九六）、《卡美拉3邪神覺醒》（一九九九）因為劇情緊湊、節奏明快、特攝效果驚人，票房收入勝過同時期的哥吉拉電影，是怪獸特攝迷口耳相傳的名作。

（八）科幻特攝電視劇的三大主流：力霸王、假面、戰隊

二十世紀中後期，電視逐漸普及到民間家庭後，「特攝」這個片種又衍生

出在電視上播放的「特攝電視節目、電視劇集（特撮番組）」，番組和映画是同樣的特攝，只不過「特撮番組」每週播出一次，每集播出時間包含廣告只有半小時，劇情上更著力於展現科幻式的怪獸、超人及戰鬥。影集製作公司與電視台、玩具、食品公司結盟，鎖定收視對象為幼兒、兒童、青少年觀眾群，因此特攝背負「專門給小孩子看的」任務數十年。

科幻類特攝影集主要元素大致為：

劇情出現覆面俠客、變身超人、超能力者、忍者、機器人、怪人、怪獸、妖怪、魔法師等角色。故事時代可以為古代、現在或未來。

主角「英雄化」，可為一人、多人或成團結隊，有高超的武技、會使用各種威力強大的冷熱手持兵器或駕駛各式空想科學海、陸、空交通工具等超兵器。這些車輛、飛機通常會組合成巨大機器人。

英雄對抗的是外星來的怪物怪獸、強大恐怖的邪惡集團等等。壞人這邊的企圖通常是侵略地球。

自五〇年代尾聲、六〇年代初起，電視上出現各種假面英雄、超人電視劇集。第一位出現在電視上的假面英雄應該是《月光假面》（一九五八）。這位英雄戴了頭巾、眼鏡、面罩，手持雙槍，一身白衣白褲，騎著當年最拉風的機車，到處行俠仗義，對抗邪惡的地下暗殺團組織，活脫脫就是時代劇《鞍馬天狗》（蒙面、佩刀、持槍、黑衣、騎馬）的現代翻版。小朋友愛得不得了，東京地區平均收視率四十％、最高收視率六十七．八％，成績斐然。從此各式各樣奇形怪狀的超人、遊俠、假面充斥螢幕，和一批造型更加古怪恐怖的怪人、怪物打成一團。

一九六六年七月，來自三百萬光年外的M78星雲光之國，宇宙警備隊成員、光之巨人《超人力霸王》（UltraMan，ウルトラマン）登場。千萬不要在御宅族面前說是「鹹蛋超人」，否則立刻會遭到白眼！此劇脫胎自怪獸電視劇《UltraQ》（ウルトラQ），均由円谷英二先生創辦的円谷製片公司製作。《超人力霸王》電視劇創造了四十公尺高，體重三萬五千噸，巨大的緊身塑膠衣超人，為了保護地球及宇宙秩序，挺身與各種恐龍、怪獸及外星人廝殺。而超人力霸王因與地球水土不服，係透過呼叫器附身在一位地球防衛隊隊員身上，這位菜鳥隊員早田進（男主角）為了掩蓋變身身分煞費苦心，就像記者克拉克肯特一般窘迫。

力霸王打怪獸的格鬥技，融入日本摔角、空手道的技巧，打鬥過程壓壞不少發電廠、油庫、建築大樓的模型；死光手刀、核光射線是很厲害的必殺技，發射死光的手勢動作（右小臂朝上、左小臂橫擺，組成一L形）已經成為經典符號。而力霸王短短三分鐘的能源量也常讓觀眾為他們捏一把冷汗。

宇宙雖廣大不可思議，怪獸及外星人們卻前撲後繼地專挑地球侵襲（地球就是這麼倒楣），於是力霸王、賽文、力霸王A、太郎、雷奧、80等等超人家族成員遂前撲後繼跑來保護地球，劇集也就一部一部地往下開。

一九七一年四月，石之森章太郎原著漫畫改編的《假面騎士》上場。被邪惡組織利用超科學力任意改造的悲慘身世、詭異的昆蟲頭造型、高超的飛踢打鬥功夫、又酷又帥的機車、領巾、腰帶及變身動作、各種亂七八糟造型的怪人、來源充足永遠打不完的戰鬥員（他們的薪水一定很優厚）等等，很快擄獲大小觀眾的心，1號、2號、V3號、X、強者、亞馬遜、Black……一代代的騎士出現對抗各種邪惡組織，終於成為一代特攝變身英雄的王者。

原始的假面騎士造型構想來自蝗蟲，而修卡組織的怪人靈感恐怕是來自H·G·威爾斯的小說《莫諾博士的島》中人類與野獸改造結合的半獸人吧？修卡組織製造假面騎士在先，而其後所製造的各種怪人無論如何改進研發都無法打敗以舊技術造出的假面騎士，後出不能轉精，青不能勝藍，無法解釋，只能說邪不勝正！

一九七五年四月，東映製作的《祕密戰隊五連者》（祕密戦隊ゴレンジャー）電視劇在朝日電視上映。此作亦是改編石之森章太郎原著漫畫。它的發想是：一個變身超人很精彩，如果一次給觀眾五個超人呢？製作單位遂以五人組英雄團隊來一新特攝界耳目。

戰士服裝很不賴，一襲連身衣、大腰帶、小披風加全罩安全帽。五位連者戰士服裝分別是紅、藍、綠、黃、桃五種顏色，並以紅衣連者為隊長，從此衍生出一門「超級戰隊色彩學」，戰鬥衣服的顏色關係到這個角色的身分、地位、性格、甚至是戲份。後續每一季每個戰隊都依據這個設定。

此作大獲好評，竟然製作了八十四話，播放期間將近兩年，於是東映再接再厲開拍第二代《JAKQ電擊隊》（ジャッカー電撃隊）。從此一路拍下去，成為「超級戰隊」系列。不但在日本紅，還外銷到美國去，由洋人演出《金剛戰士》（Power Rangers）。甚至臺灣八點檔連續劇也曾經製作過仿冒作《太空戰士》，可惜特攝英雄觀念在當時的臺灣太新潮，而且土製特效、服裝造型及劇本落伍、拙笨、無創意，以致未成氣候。

超人力霸王系列、假面騎士系列及超級戰隊系列是為日本電視史上特攝劇集三大主流。一代傳一代的力霸王、騎士、戰隊們接力繁衍下去，走過昭和、平成、進入二十一世紀暨令和之後，又添加新元素、新構想、新造型繼續奮戰。

只不過，力霸王收集前代力霸王能力組合後使用，越來越像假面騎士；假面騎士常搭配許多騎士伙伴協力作戰，越來越像戰隊。戰隊常駕駛組合巨大機器人與巨大化的怪人怪獸對戰，像極了力霸王。

這幾個系列劇集目前都還在日本電視頻道播放。同時劇集也會不定期拍攝電影版或 OVA 版再賺一筆。

電影版當然要比影集版投入更大的成本、製作更大的場面、更加華麗熱鬧，片量之大足以成為科幻特攝電影之一大宗。甚至可以外銷海外，直接上映或加以改裝。

改裝方法就是剪接當地演員表演的戲份，換掉日本演員，以求在地化。超人力霸王與泰國合作，於是產生《猴王大戰七超人》，泰國猴王神顯靈與七位力霸王合作痛宰大怪獸。假面騎士與臺灣東星電影合作，全部換成臺灣演員，於是產生了《閃電騎士大戰地獄軍團》、《閃電騎士V3》、《閃電5騎士》。香港邵氏電影公司也索性自製變身英雄電影《中國超人》，直接移植假面騎士的概念，全面抄襲模仿，打得電光火石，挺熱鬧。力霸王及假面騎士的改裝版在三、四十年前都曾來臺灣上映。經過改裝，就可以泰國片或國片身分進入臺灣，規避政府禁映或管制日本片政策。上述五部我兒時在電影院都看過。當時老三台未曾播放任何力霸王及假面騎士影集，電影院上映的雖然是改裝版，看到英雄們實體現身大銀幕，不再是2D圖片、照片，瞬間聖光充滿我身，簡直是「宅魂覺醒」、「宅力崛起」，一個小小御宅族就此誕生。

（九）回顧幾部日本科幻特攝電影

一．地球防衛軍（一九五七）、宇宙大戰爭（一九五九）、

海底軍艦（一九六三）：

這一組是東寶早期SF特攝電影。最大特色在於都是以《少年冒險活劇》、《少年週刊》等期刊上連載的科幻插圖故事（繪物語）為基調，表現空想科學的未來世界觀。機械設計、人物造型均由插畫、模型畫大師小松崎茂先生擔任。

小松崎茂代表五年級以上舊人類的童年。小時候在玩具店、文具店看到日本田宮模型包裝盒上，那些雄壯威武的坦克大砲、大海中激烈戰鬥的聯合艦隊、空中纏鬥的梅塞希密特戰鬥機與逆火式戰鬥機、明知不符實際但就是很帥的未來科學車輛機具、火速飛馳的雷鳥神機隊等等，這些包裝盒圖畫（箱繪）賦予模型玩具完成情境想像空間，並且刺激消費，就是小松崎茂的作品。

《海底軍艦》係依據明治時代科幻作家押川春浪（一八七六——一九一四）原作改編。押川春浪為日本科幻小說先驅之一，一九〇〇年發表小說《海島冒險奇譚 海底軍艦》，大學畢業後擔任《冒險世界》（冒險世界）、《武俠世界》（武俠世界）等雜誌主筆，成名後陸續發表多種科幻及冒險小說，主要有《武俠的日本》、《新造軍艦》、《武俠軍艦》、《新日本島》、《東洋武俠圖》、《怪人鐵塔》、《空中大飛行艇》、《月世界競爭探險》、《北極飛船》、《千年後的世界》等等。

電影版《海底軍艦》則是結合SF特攝電影及戰爭電影兩種類型。英勇萬能的海底軍艦轟天號從此成為特攝電影的一個符號，常常被後代影片引用、致敬或模仿，例如在二〇〇四年的《哥吉拉最後戰役》中，就讓轟天號上場亮相。《海底軍艦》故事中對抗的是潛藏海底的姆大陸帝國，一般評論者認為押川春浪用意在影射當時與日本爭奪遠東利益的俄羅斯帝國，果然一九〇四年即爆發日俄戰爭，維新後的小國日本戰勝了當時海陸軍力在世界數一數二的俄羅斯，小英雄擊敗一整個大帝國，與小說情節相同。

二・日本沉沒（一九七三，二〇〇六）：

真正的本格派科幻。改編自小松左京原著。小說係第二七回日本推理作家協會賞（一九七四）、第五回星雲賞日本長篇組（一九七四）的得獎作品。有多個電影版、電視劇版及動畫劇集版。最新版是二〇二一年電視劇集《日本沉沒：希望之人》。

日本人一再地改編翻拍這部小說，不覺煩膩。這個題材結結實實擊中日本人的心靈。他們真的很擔心日本沉掉，是日本民族源遠流長的危機感使然。

一九七三年電影版由東寶製作，於當年十二月二十九日上映。製作人田中友幸。曾參與黑澤明作品的森谷司郎及橋本忍分別擔任本片導演及編劇。電影創下約四十億日圓票房驚人紀錄。特殊攝影監督中野昭慶在亞洲電影節中獲得特殊效果獎。

二〇〇六年版由TBS及東寶等單位製作，於當年七月上映。

二〇〇六年電影版將原著情節、人物身分作了大幅變動。大概為了符合性別意識抬頭的政治正確，原著的阿部玲子從生活空虛的富家女變成消防救難女英雄（柴咲幸飾演），一出場就出手救了男主角小野寺（草彅剛飾演）。原著的首相並未出事，電影版首相為了與中國交涉難民收容問題，座機遇上火山噴發而殉職。日本沉沒前後，文部大臣兼危機管理責任大臣鷹森女士（小說無此角色）統管所有急難任務，果斷勇敢，事後被所有閣員推舉為新任首相。

原著小說是悲觀的，日本化為一條火龍而終於沉入海底。而二〇〇六年電影版則樂觀至極，經由田所博士構思、鷹森大臣調度運籌加上小野寺壯烈犧牲，運用特殊高爆炸藥炸開地殼，不但保住日本象徵神山富士，也保住一半的日本國土。這是否表示二〇〇六年的日本人比一九七三年的日本人更樂天自信？

《日本沉沒》獲得第五回星雲賞日本長篇組小說獎的同時，一篇名為《日本以外全部沉沒》的小說獲得短篇組獎。它不是來亂的。這篇小說作者乃大名鼎鼎的日本科幻文學大師筒井康隆。在小松左京鼓勵之下，筒井只用一個禮拜就寫成此篇。日本沉沒的慘事大家已經領教了，如果是日本不沉，反而日本以外的世界各洲全部沉沒又如何？昔日不可一世的外國人，如今逃到日本避難，寄人籬下，要如何低頭適應？日本政府要如何軟硬兼施管理這些難民？筒井康隆寫出一個尖酸刻薄又搞笑的故事。小說後來也被拍成電影，於二〇〇六年上映。

三・戰國自衛隊（一九七九）、戰國自衛隊一五四九（二〇〇五）：

有前後兩種電影版，另有電視單元劇版。一九七九年版講述現代一支日本自衛隊隨同他們的槍砲、吉普車、坦克、船艦、直升機等裝備，無意中被時光亂流帶到日本戰國時代，遇到長尾景虎（即上杉謙信）及長尾的敵人，現代軍人們捲入戰國時代爾虞我詐、弱肉強食的武力鬥爭，甚至代表長尾景虎前往川中島與武田信玄進行決戰。

這批軍人之間有舊恨，有新仇，有的一心只想回家，有的脫隊去當土匪，有的妄想藉此機會奪取天下改寫歷史。現代武器固然火力強大，殺傷力可怕至極，然而終非萬能。猛虎亦難敵猴群。古代人或許是土包子，科學知識不足，但絕對不是笨蛋。時代會變，人性則永遠不變，政治權謀也是不變的。這批現代軍人紛紛走向不歸路，終於被歷史玩弄、反撲。

二〇〇五年新版《戰國自衛隊一五四九》則另起爐灶。一小隊自衛隊因祕密實驗被送到戰國時代，利用現代武器，領隊竟然取代織田信長成為戰國梟雄。因歷史被竄改，導致現代世界逐漸被破壞消解，於是政府緊急派遣第二支小隊回到戰國，企圖在有限的七十四小時內改正歷史，挽救現代。可想而知，兩支現代自衛隊翻臉在古代開戰。

把現代軍隊丟到古代去發威，用機關槍掃射拿刀槍的古人，這種題材乍看之下很無聊，如同俗語所說的「張飛打岳飛」，我當年也很排斥這種片型。不過，如果把眼光放開，關注現代人與古代人的互動與對抗、愛與恨，看人類陷入絕境後各種因應之道，看歷史人物的本性、思路與行事，看歷史的偶然與必然，都是觀賞此種片型的切入點。

四．GUNHED（ガンヘッド，港譯：槍覇，一九八九）：

日本科幻電影少見的硬核科幻熱血大作。當時宣傳號稱是「史上最初寫實巨大機器人電影」。結合了「巨大機器人」的特攝趣味以及《異形》般步步陷阱、恐怖殺戮。有類似《魔鬼終結者2》人類與機器人間生死與共的革命情感，同時亦不缺少槍砲火力爆破場面。女主角不但長得美艷，且如同《異形2》主角雷普利女士英勇善戰。此片採用大量外籍演員，企圖達成國際化，野心不小。八〇年代經濟力強盛的日本產生了如此大器的作品。

劇情敘述二〇二五年機械工廠「8JO」島主控電腦「蓋隆五號」發表獨立宣言，背叛人類。世界連邦政府派出最強機械化兵器「GUNHED」大隊平亂，可惜全軍覆沒，與「蓋隆五號」的空壓艇機器人打成兩敗俱傷，從此「8JO」島陷入死寂。十三年後，一群專業盜匪闖入「8JO」島企圖偷竊蓋隆五號主機晶片。豈知蓋隆五號仍在偷偷運作，欲陰謀控制全地球電腦。蓋隆五號逐一消滅潛入的盜賊。倖存的人類主角高嶋政宏為了對抗蓋隆五號及空壓艇機器人，情急生智，將殘破廢棄的「GUNHED」大隊堪用零件組合起來，喚醒「GUNHED」五〇七號機起來併肩作戰。

監督為原田真人、特技監督為川北紘一，機械設計則是在動畫界十分出名的機械設計師河森正治。河森正治以一九八二年為電視動畫劇集《超時空要塞》設計由戰鬥機變形為巨大機器人的 VF-1 而聲名大噪。本片的「GUNHED」五〇七號機就是一部可以變形為坦克戰車的人型機器人。除了八分之一模型之外，特攝人員甚至製作了一具六公尺高的全比例模型，十分壯觀。

這片並未在臺灣上映，之後也未見發行錄影帶或 DVD 光碟。我是在信義路「太陽系影音光碟館」欣賞到此片，非常幸運。

五・Avalon 歡迎登錄虛擬天堂（アヴァロン，二〇〇一）：

押井守監督。耗資六億日圓，製作時間長達二年，全片在波蘭拍攝，運用波蘭第一流演員及幕後工作人員，是押井所謂「以動畫手法與技術處理的真人電影」。故事敘述近未來世界有一款非法的網路連線戰鬥遊戲「Avalon」，玩來驚險刺激，且過關所得積分可以兌換鈔票。基於對現實生活的不滿，許多玩家組成「隊伍」（遊戲難度高，須要組隊互相支援合作才能過關，玩家須分別擔任主教、戰士、竊賊偵候、魔法師等職）上線挑戰各關，沉迷其中，但是若不小心「迷失」於遊戲中，玩家就會腦死，變成無藥可救的植物人。

女主角「Ash」是「Avalon」空間裡少數可以晉升到「A級」的玩家，一向獨立作戰不加入任何隊伍，是人人崇敬的無敵戰士；然而回到現實世界卻是個連垃圾郵件都收不到的寂寞女子，日常生活茫然無趣，冷清的家里只有一隻狗等她。

某天，昔日老戰友告訴她，以前他們組的「巫師」隊領隊馬菲為了追尋「超A」級戰場入口而「迷失」，已痴呆住院了。同時，她發現「Avalon」空間裡出現一位來路不明的獨行玩家，戰技、策略都不在她之下，深覺此人是衝著她來的。她不知道，不論在遊戲中、真實世界中，已經有人盯上她了。

押井守的編導成就不只在動畫片，也展現出執導真人電影的實力。先前的《紅眼鏡》（紅い眼鏡，一九八七）、《地獄番犬》（ケルベロス　地獄の番犬，一九九一）等犬狼系列也是近未來科幻電影，可惜當時資金短缺，有捉襟見肘、因陋就簡之嘆，但是拍此片時已經成名，資金充足，可以依照他的想法與執念放手一搏。

向波蘭軍方借調的重火力槍械、機砲、戰車、直升戰機紛紛上場，讓軍武迷押井守玩得很過癮，同時也讓「Avalon」戰鬥遊戲具有說服力。

提供上網、兌金、交誼廳服務的上線中心如同一家監獄，提供玩家上網的房間是一間間裝上鐵門鐵柵的牢房，走出中心回到現實社會，路上、電車上的人們個個像沉靜的殭屍，死寂空曠的電車廂是一大牢籠，回到蝸居處又是個小牢籠。

現實世界以單色調、冷冽色溫、淡青綠色澤呈現疏離頹敗的效果。「Avalon」虛擬空間則染上黃褐色以作出區隔。但是傳說中的「超A」級戰場，其正名為「Real」級，卻是特藝霓虹般、高彩度、高亮度、高畫質的世界，繁華的街頭，忙碌來去的男女老少，分明就是我們身處的今日世界，這是未來電腦程式努力呈現的昨日記憶嗎？「Ash」的前領隊馬菲說，「超A」級戰場才是值得人們燒壞腦袋也要尋找的真實世界，是傳說中英雄們得以長眠之地，那就是亞瑟王神話中的「Avalon」了。

「Avalon」雖只是遊戲，卻嚴重影響劇中人的人生。押井對於人類重度且病態地使用網路虛擬世界予以省思，給予悲憫及同情。

可以說，此片是反向的《駭客任務》。《駭》的人類被機器餵養控制當電池用，一小群人類企圖喚醒同類，拋棄程式製造虛假的花花世界，回到悲慘無望的真實世界。此片則是看破真實世界的悲慘無望，一小群人企圖躲進程式製造虛假的花花世界，即使變成機器看顧的植物人也好。假作真時真亦假，無為有處有還無，這兩種世界，哪一個比較慘？

此片不論是特效應用、場面調度、攝影表現、川井憲次運用大交響樂團、女高音、大合唱團演出、雄壯激昂到令人起雞皮胳瘩的配樂等等都不下於同類型的《駭客任務》。

六．穿越時空的地鐵（地下鉄（メトロ）に乗って，二〇〇六）、超時空泡泡機（バブルへ GO！！/ BUBBLE FICTION : Boom or Bust，二〇〇七）

《穿越時空的地鐵》敘述某青年不滿父親專斷作風憤而離家，在東京謀生，某日無意中藉由不可思議的時光地下鐵來到一九六四年的東京，親眼目睹年輕的父親心路歷程，了解父親為何會成為今天這模樣，青年終於跟病危的父親大和解。

《超時空泡泡機》敘述發明家藥師丸博子打造以泡泡洗衣機為造型的時光機，某日莫名失蹤，卻出現在一九九〇年的舊報紙照片內。日本政府緊急委託發明家女兒廣末涼子搭超時空泡泡機也回到一九九〇年，不但要找到藥師丸，而且要母女聯手拯救日本的泡沫經濟。

有段期間日本科幻電影不約而同地走「時光旅行」的路線。可能是因為《Always 幸福的三丁目》票房成功，捲起懷舊風，使得電影界轉向過去美好時代取材。《穿越時空的地鐵》懷的舊是昭和三、四十年代，《超時空泡泡機》懷的舊為昭和末、平成初。

《穿越時空的地鐵》將 CG 降至最低，盡量採用實物、實車（真的去博物館借用一九六四年代服役的地下鐵車廂）、搭實景拍攝，與大量運用 CG 場面的《Always 三丁目的夕日》比起來，另有一番踏實感。

《超時空泡泡機》出現八〇年代末九〇年代初期流行的事物，距今三十年，還算不上「古董」，但大都已消失無蹤，如今看來，突兀得可愛、「聳」得有力。

例如砸下去可以打死人的黑金剛大哥大、女性大泡波浪捲髮及粗眉毛化妝術等。

「時光旅行」類型電影，劇情可以玩弄邏輯機巧，也可以不。科幻特效該有，但不是重點。時光旅行只是手段。這類電影終究還是須藉古諷今或藉今諷古，點出古今不同或者一貫相同的事物，顯露不因時間而變遷的人性，讓觀眾心有戚戚焉。辦到這點的作品才不會變成時光淘洗下的泡泡，人們永遠懷念，願意一而再、再而三讓電影魔法帶進時光裡旅行。

所有科幻電影的製作原則，也應該是這樣。

（原載二〇〇八年《Fa電影欣賞》雜誌第134期）

2

《小丑》斷想

一

電影《黑暗騎士》希斯・萊傑（Heath Ledger）飾演的小丑逢人便自曝身世，巧妙的是，他對不同人說出不同版本，讓旁觀的電影觀眾分不清何為真、何為假，玩弄自身記憶的瘋狂更添增希斯・萊傑版小丑的可怕。他不需要欺騙聽他講童年故事的人，因為那些人下一分鐘就被他殺了。他只是騙自己罷了。希斯・萊傑版小丑遂成為一代反派角色標竿，難以越過的高峰。希斯・萊傑不幸早逝，然而即使未發生意外，持續發展演藝事業，或許連他自己也越不過這個高峰。

瓦昆·菲尼克斯（**Joaquin Phoenix**）版《小丑》則是整部片專講小丑身世。它占了幾個便宜，一是它後出，後出方能轉精。一是它為「專輯」，彷彿個人傳記片，以一部電影的篇幅來塑造一個「宅」喻戶曉的漫畫角色，可自在揮灑渲染。但是，要能夠拍得不落窠臼也不容易。面前有一座希斯·萊傑版小丑高山擋住去路。

關於小丑的起源，前面提到的電影及其編劇、導演、演員們恐怕都參考了一九八八年出版漫畫《致命玩笑》（*The Killing Joke*）。繪者是布萊恩·伯蘭(**Brian Bolland**)，編劇則是圖像小說大師艾倫·摩爾（Alan Moore）。出場人物不多，情節不複雜，敘事核心強勁，剪接漂亮（如果當成電影），驚奇又回甘的結尾。它只有四十六頁，太強了。這本美漫迷口耳相傳的經典，臺灣終於於二〇二二年三月出版中譯本。

二

在脫口秀現場當觀眾，被主持人叫上臺勉勵一番，這段已經預告亞瑟的幻想腦補人生。脫口秀是美國重要的表演文化。近年臺灣與中國也有年輕人開始從事脫口秀表演。他們標榜美式幽默。認為美式脫口秀就是沒有尺度的調侃、侮辱。是有這一派沒錯。但是最上乘的脫口秀，是表演者調侃、侮辱自己來娛樂觀眾，觀眾哈哈大笑之後才醒悟：「啊哈，這是拐彎在罵我啊。」

三

說起來，小丑曾經有變成「蝙蝠俠／變身英雄」的機會。他以小丑裝（變身假面）槍斃三名欺壓良民的惡徒。他為窮苦人出一口氣。他私刑正義，行為犯法但獲得民眾支持。他躲在「面具」後，警方要揪出他。這一段多麼像剛剛出道，滿腔熱血的蝙蝠俠及蜘蛛人。無奈他的殺戮越來越重，終於步上「黑暗王子——小丑」之路。

以往超級英雄電影都把「英雄」、「惡徒」、「民眾」三方關係設定成「英雄打擊惡徒解救民眾」。但是《小丑》做法不同。「惡徒」小丑出身自底層。他的出現受大眾歡迎，街頭大亂時，他的暴力受大眾讚賞。小丑黨有了雛型。雖然劇情沒有往下推演，但是後續情節恐怕是「惡徒打擊英雄解救民眾」（時序上蝙蝠俠還未誕生，這裡的「英雄」可以視為警方、檢察官、司法制度及司法保護的資本家）。

四

亞瑟的第一槍並不是打在地鐵青年身上，而是打在自家牆壁，純屬不慎走火。當時嚇個措手不及，但也從壁上彈孔了解槍彈威力。那是最實在的力量。威猛而純粹。

地鐵內開槍轟擊兩名青年，是被拳打腳踢之下的回擊，尚屬於不得不然的自衛。但是，那第三人在下一站逃走，亞瑟還和他玩一下心戰、鬥一下智，確定他下車了，追到月臺，在上樓樓梯之前，亞瑟好好地站定，瞄準垂死掙扎上爬那人，再補幾槍送他上西天。走到這裡，亞瑟已完全成為槍的主人。他是真正的、有心的、蓄意的取人性命。換句話說，可以生可以死，他完全掌控他人的性命。這是多麼巨大的權力，就來自這小小一把槍。是之前窩囊的亞瑟不敢想像的。從此開始，走上黑暗之路，也被黑暗拖著走。狂奔逃進公共廁所，把門鎖上，鏡頭搖到他的雙腿，以為怕得大抖特抖，並不是，不，那雙腿緩慢移動起來，雙手搖動起來，身體晃起來，他竟跳起沉穩無聲的小丑之舞。「在蒼白的月光下與魔鬼共舞」。

他也有不殺，例如侏儒同事。表示他還有恩仇計算。一般殺人魔大都困於精神疾病，亂殺一通，成不了大氣候。而亞瑟知道殺人該選何時何地何人。雖然有病，有妄想，仍是清明地、有想法地執行殺人。具備高思考的腦力方能組織小丑幫，成為成功的罪犯，才能當蝙蝠俠最頭痛的勁敵。

五

湯瑪士韋恩夫妻又一次在大銀幕上被槍殺。

高鮮亮麗的上流人士在高大上戲院觀看左派分子卓別林的底層哀歌《摩登時代》，是最大諷刺。

那首《Smile》越唱越是悽苦。微笑不起來嗎？小丑教你。把兩支食指分別插進嘴角，往上拉起，這不就微笑了嗎？小丑還把這招教給一臉嚴肅的布魯斯韋恩小朋友。

底層人民的痛苦來自貧富差距、經濟衰退、資源不足、失業，是包含韋恩家族在內的資本家階級造成的。資本家「韋恩們」打造出大高譚市，目的是吸吞它的血肉，遺棄無用的渣滓。失敗的人民淪為劫匪，流竄暗巷傷害韋恩夫妻，因此逼出一個上流社會出身的「英雄」蝙蝠俠，他同時要向底層人民尋仇，也要向底層人民贖罪，遲早要精神分裂。

小丑卓別林只能任資本家定的體制擺布，捲到機器裡面受苦；小丑亞瑟卻有一把槍。

六

最後一幕，阿卡漢瘋人院，小丑踩著搖晃步伐留下血色腳印，走到走廊盡頭，向右轉，出鏡消失，不一會兒，又入鏡衝向左側，出鏡，醫護人員入鏡向左追著跑出鏡，不一會兒，小丑入鏡跑向右側出鏡，醫護人員入鏡向右追著跑出鏡。追逐動作滑稽，像極卡通片或老喜劇片斷。隨即打出字幕「THE END」。那字形是古早味可愛的花體，每每用在喜劇電影。到最後一秒，導演還不忘在觀眾心上補刀。

3

一九六六年的蝙蝠俠只煩惱一件事

二十一世紀出生的觀眾若能觀賞二十世紀中葉出品的蝙蝠俠電視劇，應該會微笑，蝙蝠俠的世界原來可以歡樂、絢麗、單純。這都要怪提姆．波頓（Tim Burton）。是他讓蝙蝠俠變得沉重黑暗。但又不能怪他，蝙蝠俠本來就不是只有七彩的。這些暫且放一邊，我想先回憶兒時見過的老派蝙蝠俠。

很久很久以前，上個世紀的七〇年代初期——克里斯汀．貝爾（Christian Bale）可能剛出生——臺灣的中國電視公司曾播過美國蝙蝠俠彩色電視影集。我依稀記得華視也播過此劇集原班人馬攝製的蝙蝠俠電影。在那個年代，三家電視台常看到超級英雄卡通影片，但是超級英雄電視影集卻很稀罕，回想起來，也就是《蝙蝠俠》、《青蜂俠》、《神力女超人》及《無敵金剛〇〇九》（*The Six Million Dollar Man*）。或許還有《超人》、《蜘蛛人》？此外是否還有別的超級英雄影集，沒什麼印象。

《蝙蝠俠》電視劇（一九六六年一月十二日——一九六八年，約一百二十集）有幾個特點，讓我至今仍能記得：

1. 以單一色塊繪製的圖片，組成動畫式片頭。

2. 主題曲從頭到尾，歌詞只有一個字「Batman」。

3. 每個單元故事分成上下集，上集的結尾總是蝙蝠俠與羅賓陷在惡徒的機關裡，命在旦夕！如何解危，且看下集分解。

4. 打鬥時，會插進漫畫的「擬聲字」，如「BANG」、「CRASH」、「POW」、「WHAM」等等。

5. 蝙蝠俠與羅賓的服裝是鬆鬆垮垮的衛生衣。蝙蝠俠服裝的紫色，總是令我覺得髒髒的。

6. 克難的特效拍攝。例如讓蝙蝠俠與羅賓拉跟繩子、彎腰向前走，把這個畫面轉個九十度，就變成往上攀爬高樓大廈了。這個古錐畫面還蠻常出現，想必導演一定很得意這個設計。

一九六六年《蝙蝠俠》電影版則是延續電視版風格，援用原有演員（Adam West、Burt Ward、Cesar Romero、Frank Gorshin 等），選出四個最具代表性的宿敵：貓女、小丑、謎語人與企鵝聯手對抗蝙蝠俠及羅賓（後來兩部提姆．波頓電影版就從四大惡人裡選了三個）。

電影前段，蝙蝠俠及羅賓還不知道死對頭們已經越獄，開著蝙蝠直昇機追蹤海面上一艘遊艇，發現艇上出現貓女的身影，蝙蝠俠從機上垂降企圖跳到疾馳的遊艇上，卻在剎那間，遊艇莫名消失，一頭鯊魚衝出水面狠狠咬住蝙蝠俠的腳。聰明機智的黑暗偵探、正義的斗蓬十字軍——蝙蝠俠與羅賓，由此推斷出，背後製造這個奇怪事件的壞蛋有貓女、小丑（這是一件整人大玩笑）、謎語人（整件事是個謎）與企鵝（因為可以操控鯊魚）！

六〇年代中期，世界雖有美蘇冷戰、越戰、白色恐怖，但是距離二次大戰的傷痛已經二十年，整個世界逐漸復甦、振作，有錢有閒，也可以開始享樂歡笑。一九六六年的高譚市是歡樂的彩色城市。於是一九六六年的蝙蝠俠，並不研究父母雙亡留給他的創傷，也不研究他對歹徒的仇恨，更不可能探索他雙重身分的人格扭曲，以及對抗邪惡時難免會有的恐懼。

他唯一懼怕的只有不知何時蝙蝠俠身分曝光。甚至算不上懼怕，只是偶爾才發作的煩惱。

高譚市的歹徒雖然囂張，卻不殘暴。個個都蠻搞笑。哪一種歹徒就犯哪一類型的罪，看到出什麼事，九成九可以猜到是誰幹的。比較討厭的是，小丑、企鵝、謎語人、貓女一干大魔頭，老是關了又逃、逃了又關，高譚市被這些人鬧得永遠不得安寧，日子久了，蝙蝠俠多少會沮喪吧。

但是一九六六年的蝙蝠俠看不出任何沮喪情緒，他總是很歡樂地把大魔頭及其手下痛扁一頓，把引信拆除，解除高譚市的危機。大魔頭雖暫時受挫，但很快地，又會回到高譚市搗蛋。那時，蝙蝠燈又要亮起來，蝙蝠俠及羅賓又要跳上蝙蝠車，**Batman** 歌響起……

這就是一九六六年的美國特攝劇集。直到一九八九年止，似乎美國再也沒拍攝真人演出的蝙蝠俠電視劇或電影。不過，查IMDB，一九六七年菲律賓竟然拍了一部《蝙蝠俠大戰卓九勒》。可見「跨界混戰」（Crossover）的觀念，古時候的人早就有了。而蝙蝠俠與吸血鬼卓九勒伯爵還真對味兒呢。

一九八九年，提姆波頓拍出陰暗歌德風的《蝙蝠俠》電影，這件事值得世人供上神壇膜拜。他重新打造蝙蝠俠「宇宙」，從另一個角度看，他也打造了其他超級英雄的新世界。

就從這一部電影開始，超級英雄們受到召喚，紛紛回到大銀幕「重生」（不是「誕生」而是「重生」）。以前種種醜態都廢棄不顧。那些粗糙造型、拙劣故事，忘了也好。全部重開機。英雄們個個背負仇恨、恐懼、憤怒、迷惑，換穿新潮、簡潔、洗練，甚至性感的戰衣，面對一個比一個凶狠殘暴的惡徒，打到後來，幾乎分不清是惡徒惡還是英雄惡？誰才是更凶狠殘暴的一方？一九六六年的蝙蝠俠是小朋友的偶像，二十一世紀的蝙蝠俠是大人們的偶像，小朋友們不能去看列為保護級的《黑暗騎士》。

二十一世紀的蝙蝠俠必定很羨慕一九六六年的自己。那年頭的惡徒們都不成才，好欺負，一拳可以打倒兩個「戰鬥員」。那時候的蝙蝠俠不會想太多，什麼都不怕，活在大塊大塊原色組成的世界裡，善善惡惡，事事一清二楚，雖然大條代誌一定會發生，卻堅信自己在下集結束之前一定能夠解決。

二十一世紀電影裡的蝙蝠俠及超級英雄們內心糾結越來越多，越來越嚴肅不可侵犯。周遭愛人、親人、友人或同行，很可能突然因什麼事故死去。他們失去的比獲得的多。他們的生活，總結起來就是一句話：「真他媽的累阿。」

曾經有漫畫家畫出一個短篇，穿紫色衛生衣的蝙蝠俠與白臉紅唇黃髮的小丑激烈格鬥，撞破好幾張布景，打破了不知第幾道牆。導演喊卡收工。原來漫畫場景都是攝影棚，正邪打鬥都是套招。下戲後，在這樁犯罪及下樁犯罪之間的空檔裡，阿蝙與小丑相約一同去街角的小 PUB 喝一杯。這就對啦，「Why so serious?」幹嘛那麼認真哪？

第五章

色情的啟蒙，性愛的冒險

1

《肉蒲團》：性愛英雄的冒險旅程

一、罵肉蒲、寫肉蒲、刻肉蒲

雖然兩千多年前的學者告子說過：「食色性也」，看穿「食」、「色」乃人之本性，彷彿古人的思想很開通似的，但是，受儒家禮教薰陶、約制的「中國人」，甚至範圍更大的全球華人，對於「色」或生物、肉體義意的「性」，自古至今始終抱持保守、禁制、忌諱、迴避、打壓的態度，稱之「戒淫」、「衛道」。「淫」已經不可，「宣淫」更不得了。若進一步寫成書「勸淫」，簡直是滔天大罪。

中國古典文學裡，直接服務社會，深探上上下下各階層讀者，最有效率的應該是戲曲、小說。而這類文體，面向人情事理，博涉趣聞軼事，兼雜八卦腥聞，很容易寫著寫著就涉及色情。讀者愛這一味，作者就乾脆整本都寫色情。尤其是匿名來寫，不受家名、身分、職務、榮譽牽絆，掙脫束縛，令筆下才子佳人痴男怨女，夢會巫山，雲行雨施，酣暢淋漓，一榻糊塗，特別地過癮。於是古典色情小說在文學的底層源源不絕湧出，禁不掉、燒不完、賣光光。市場特別好。

寫低俗小說不必文謅謅，比寫彈詞、戲曲的門檻低，於是產量多，多就難免良莠不齊。其中站上中國古典色情小說高峰頂點者，說是《肉蒲團》與《金瓶梅》，應無異議。

讀完《肉蒲團》的人肯定比讀完《金瓶梅》的人更多。因前者故事單純直接、篇幅短小精幹、語調諧趣、性愛場面特多。《肉蒲團》文字是大白話、對白是日常口語，幾乎沒有方言、土語，讀來絲毫無阻礙（讀色情小說如果還需要看譯文注釋，那還得了？），渾然不覺此書成於明末清初，距今已遙遙三、四百年，比民國初年白話文運動時期的白話小說還易懂。這也是多年來《肉蒲團》廣受讀者（尤其是男性）喜歡的原因之一。

據學者們考證，《肉蒲團》成書約於明末清初。作者不願署名，因此不知是哪位才子，但有一重大嫌疑人。清康熙年間的劉廷璣《在園雜志》說李漁（一六一〇——一六八〇）著述中有《肉蒲團》。查李漁著作一覽表當然未列入此書，然而比對李漁的思想、言行、遣詞用字、著述風格、生平際遇，可信度高，但始終無絕對證據。魯迅《中國小說史略》也只說此書「意想頗似李漁」，而德國漢學家馬漢茂從文本研究認定是李漁。

古代大人先生們希望學子士人研讀四書五經，專心學業，勤寫八股文與試帖詩，視一般小說創作為無聊、浪費時間精神之舉，偶有作者，為保住面子，已不敢署上真名，更何況是淫邪小說。官方愈明禁、讀者愈愛藏，書商為賺錢牟利遂屢屢改換書名、刪節變貌、割裂化身與官方鬥法，幾百年後我逛舊書店還可以見到粗製濫造的現代盜印偷賣本。歷來此書具有多種書名（最有名的是《覺後禪》）與版本，更難釐清作者身分與成書、初刻年代了。

《肉蒲團》現存最早刊本是六卷二十回清刊本，藏中國南京圖書館。序文末署「癸酉夏正之望西陵如如居士敬題」，時為康熙三十二年（一六九三年）。此書在日本亦受歡迎，存世最早版本是江戶時代寶永訓譯本：青心閣刻本。四卷二十回，書前倚翠樓主人序作於寶永乙酉（二年），即公元一七〇五年，康熙四十四年。學者雨森芳洲的隨筆《橘窗茶話》記載唐話唐音學者岡島冠山（一六七四——一七二八）於此書「朝夕念誦，不傾刻歇。他一生唐話，從一本《肉蒲團》中來」，竟然成了中國語最佳教材。

一九九四年九月我在光華商場藝園書店買到一精裝影印本，無版權頁，只註明《中國古豔稀品叢刊》第三輯，內容就是日本寶永本。另有雙笛國際於一九九四年十一月初版排印本，列為中國歷代禁毀小說海內外珍藏祕本集粹第二輯第五冊，也是依據日本寶永本。

近日取基本書坊二〇一二年排印本重新研讀，係依據荷蘭漢學家高羅佩藏「鳳山樓本」校訂，紙潔字大，回首詩詞、回後評語俱全。記不清上回讀《肉蒲團》是幾年前？恐怕也有一、二十年。年輕時只讀其情色，初老後重讀，於其「情色」之內、之外又讀出一些興味（腥味？）。不禁歡喜讚歎，領悟此書不只是一本正宗淫書，情色霸主，本質上它講述一個性愛英雄的冒險旅程，同時也呈現一個美麗與哀愁的世界。

二、性愛英雄的冒險旅程

《肉蒲團》第一回沒有情節，不講故事，純粹大發議論，在中國古典小說中頗稀見。我懷疑這回是全書竣工後才加上去，是作者為自己，也為作品辯護的一個保險套。作者就現實面闡述「性」的必要與重要，並解釋為何要寫淫書來教化人心。他以開明正面態度看「性」，反對「假道學」，把「女色」比喻為中藥，應適量不可濫服（當然這仍是將女性物化的落伍思想）。作者強調效法孟子遊說君王的精神，因勢利導手法寫作本書的苦心。如此闡述積極正面的理念，恐怕只是寫給官方檢查單位與衛道人士看吧？無奈大人先生們根本不讀理念，只讀情色。而普通讀者們也都匆匆翻過，迫不及待直衝下一回吧？

但第二回也不直接進主線，先介紹元朝括蒼山得道高僧孤峰。「孤峰」這個名字，隱喻陽具形象。這根昂然龐大的「陽具」挺立於紅塵愛慾之外、之上，是引導「英雄」走上正道的路標。他是負責故事開端與收尾的重要導師。藉由他的天生佛性、正派修行，接引主人翁未央生登場。未央生就是這個性愛神話的「英雄」（英雄者，能力界於天神與凡人之間，而性格缺陷亦界於天神與凡人之間）。

第二回開始，秋某日，書生未央生專程來到孤峰住持的禪寺請益參禪。作者描述他儀表**「神如秋水、態若春雲。一對眼睛比他人更覺異樣光焰」、「不喜正觀，偏思邪視」、「唯有偷看女子，極是專門」**，活寫一個浮浪美男子。孤峰和尚與他對話，了解他聰明、識多、才高、心思機敏，是修佛參禪好資質，然而也看出這年輕人天生性淫，與之論辯「天堂地獄」、「淫行果報」等議題，針鋒相對，孤峰論點一一被未央生機巧駁斥。見無法點化，只能提示他未來將在性愛路上歷練，於肉蒲團上參悟，俟徹悟之日再來相見，是為「覺後禪」。此第二回就是「神話英雄」未央生於「平凡世界」接受「巫師」／高僧的「歷險召喚」。

正式出發之前，還要一些情境激發讓英雄決心上路。第三回一開始，受到孤峰開示刺激，自認為「世間第一才子」的未央生決定尋找「天下第一位佳人」

先成親再說。歷一番求神問卦，娶得大儒鐵扉道人千金玉香小姐。

老文人名喚「鐵扉」，隱喻「守護禮教之鋼門」。玉香是儒家嚴格教養的閨秀，含蓄矜持，於性事無法讓丈夫滿意（果然像道「鐵扉」，撼她不動，保守頑固，毫無風情，也就是一道鐵打的「陰扉」）。於是未央生取出祕密武器《趙子昂春宮三十六圖》給玉香開眼界。有口頭觀念開導，有細膩春畫參考模仿，有詳盡題跋解說，這一段「性愛教育」是第三回最精彩的文字。趙子昂春宮圖已不存世，藉由這段文字敘述可以懷想神往（讀者自行腦補）。或許生於明末清初的作者曾見過三百年前元人趙子昂春畫真跡，也或許未曾。論春畫藝術，明清已臻成熟，恐怕明代仇英、唐寅畫得比趙子昂還好。春畫已是廣泛流行的文創商品，肉蒲團作者所描述的春畫，鉅細靡遺，應有所本，可能是從街坊書畫舖藏購的當代作品。作者並不知道，後代畫家也把《肉蒲團》小說情節畫成春宮圖，我在舊香居「書情書色」展覽某圖鑑內見過。

畫旁題跋亦妙。五幅春宮分別是**「縱蝶尋芳」**、**「教蜂釀蜜」**、**「迷鳥歸林」**、**「餓馬奔槽」**、**「雙龍鬥倦」**，從標題可看出重點在於「蝶、蜂、鳥、馬、龍」五種動物作出**「尋、釀、歸、奔、倦」**五組動作，亦即男女作愛五個階段。

例如第四幅「餓馬奔槽」，跋文先描述畫中男女酣戰姿勢，之後分析品評：「**此時男子婦人俱在將丟未丟之時，眼欲閉而尚睜，舌將吞而復吐，兩種面目，一樣神情，真畫工之筆也。**」充分抓住人物心理與畫面表達功力。

玉香觀圖之後，心思動搖、「騷性大發」，二人幹了「神仙幹的事」，是本書第一場著意描寫的性愛床戰。自開卷一路讀來，吊盡胃口，讀者要到第三回才能看到想看的，作者佈局結構手法與一般俗手不同（俗手大概開篇兩三頁或五分鐘訪談後就開始幹了）。這時讀者萬萬想不到，下一場激烈性愛場面要熬到第十回才能得見。但中間等待的過程卻是精彩非凡不能省略，行文中仍有性愛與淫行，卻間接藉由人物口述、作者補述穿插其中讓讀者保持高昂的性趣。這又是作者高明的手段，也是一種「草蛇灰線」文法。

第四回，重要人物賽崑崙登場。他將是未央生歷險旅程不可少的導師、盟友、助手、同伴。小說出奇處在於男主角書生未央生品行不端，但配角神偷賽崑崙卻是有為有守、立下「五不偷」原則的曠世義賊。一個外正內邪，一個外邪內正，強烈反差。不論是為人處世或性學、性事、性心理，賽崑崙無不苦口婆心一一傳授未央生。甚至願意幫他物色可能得上手的美婦人，賽崑崙這麼袒護未央生，大概是基於一個「義」字吧。

第五回，閒筆讓未央生在廟裡遇見三位美婦，為最後決戰預作伏筆。這個好色之徒做了一本筆記《廣收春色》（命名不俗！）將窺伺中意女子姓名、年紀、住址作成紀錄，並有評等、批語與圈點，以便日後尋芳。就差拍照存證，如果古代有相機，恐怕也是一個盜攝犯。品評排比群芳眾豔，是中國豔情章回小說特色，如《紅樓夢》的「金陵十二釵」、《品花寶鑑》的《曲臺花選》，是文人們於花叢中縱才娛筆的傳統消遣，延伸到清代民國就是小報、風月報常刊登所謂青樓「花魁選美」、「花國總統選舉」一類花柳雅事或乾脆稱為無聊行徑。

第六回，賽崑崙也幫未央生物色到三位美婦。其中一位是賣絲窮漢權老實的老婆豔芳，未央生要到第八回才能正式拜見她。賽崑崙認為未央生既然要幹非常之事，必須要有非常之具支撐，否則後患無窮。未央生誇耀自己持久粗大，賽崑崙檢查後說：**「這件東西是劣兄常見之物，不只千餘根。從沒有第二根像尊具這般雅致。」「像你這樣的本錢，這樣的精力，只要保得自家妻子不走邪路就夠了，再不可癡心妄想。」**這番實話讓未央生大受打擊，找機會觀察朋友、路人的傢伙，果然「**個個大也大的他，長也長的他**」從此慾心漸輕，色膽漸小。

起了退縮放棄之心，認真考慮求個功名，賺些銀子度過此生算了。此乃英雄旅程常見的「挫敗」，正是所謂「拒絕召喚」吧。

失望落寞後，於第七回偶遇傳授房中術的天際真人，用精密外科手術將狗陽具崁裝入人的陽具內，使微陽變成巨物。術士傳授祕技（房中戰術）與武器（改造升級陽具，就好比帕修斯得到鐮狀劍、亞瑟得到石中劍），英雄「上路」啦。這一回合奇想天外，以形補形，人獸移植，肢體合成，改裝再造，延伸人力不足之處，比美《科學怪人》與《莫諾博士的島》。

之後經歷醜婦、豔芳、香雲、瑞珠、丫鬟、瑞玉、花晨等婦人，大行其淫，花招百出，每個婦人都有其性格特色，每一場床戲都設計專有橋段，並非一味捅弄進出即完事。性冒險以行酒（行淫）大會操作春意酒牌作結。詳情請見原著，此處不一一贅敘。

酣暢快意後，未央生終於想起家裡擺著嬌妻玉香，遂暫別群芳回鄉探望。「歸鄉」一程引導英雄走向悲慘下場。等著他的是家破、妻亡、妾走、女死，差點被當作殺人犯，皮肉被毒打得烏青爛熟。連續困厄苦難打擊下，**「心似已死之人」**，他想起當年孤峰的開示，遂投入孤峰座下出家為僧，割斷孽根，與權老實、賽崑崙修成正果、一同坐化。

英雄旅程常常是學習與領悟的過程，不見得一定要有「英勇」行為或功績，而是於內在探索自我、發現自我。英雄不論出發後走到多遠，終須回返起點。而在終點等他的最終獎賞，不見得是世俗的榮華富貴或甜美果實，常常只是被痛打一頓後的舒暢，只是靈魂的救贖。

英雄畢竟無法與命運對抗。或者說，無法與自己打造的命運對抗。回頭來看，未央生於第二回一登場，淫念一動，就已經無法脫離他的命運。這個命運被大修行者孤峰一眼看穿。以遇孤峰起、以拜孤峰結。未央生回顧來路，發現紅塵打滾一回，什麼也沒留下。果報迅速，冒險得到的獎賞一一失去。天時地利人和、「神仙」送來的那一根也失去意義，因為他已不需要，斷然割除。如同亞瑟王，歷經皇后外遇、私生子叛變等家國慘劇，身心俱疲的他即將走完人生之際，將造就一生功績的石中劍送還湖中女巫。但英雄惟有經歷痛苦折磨、通過最終考驗才能超凡，未央生與亞瑟王都走入聖域。英雄走入傳奇，傳奇走入人間。

三、《肉蒲團》的美麗性世界

暫時撇開後段嚴厲果報的情節，此書前、中段呈現了未央生或者說作者想像的性愛新世界。

（一）未央生的性愛世界

理想的浪子應該像未央生這樣。先天與後天條件都好得讓女人發呆、讓男人忌妒。長相風流俊俏，本就受女士歡迎，加上聰明伶俐、學問好、擅言語，甜言蜜語俱有超強搭訕功力。父母雙亡又留下許多遺產，沒人管束他且不必為生計奔波，有閒又有錢不須謀生奔波。輕易娶得美妻，找了藉口就離家冶遊，脫離婚姻家庭責任義務束縛。與俠盜賽崑崙義結兄弟獲得最佳後勤與情報支援。巧遇神祕道士動壯陽手術、傳授房術，配備升級、經驗值升等。「潘驢鄧小閒」五大條件齊全。

勾引豔芳是過關斬將（先斬強慾醜婦），手到擒來。意外發現隔一層壁的鄰居香雲正是筆記《廣收春色》裡第一等級之一。又藉由香雲得以與瑞珠、瑞玉、花晨幾位美婦床戰。未央生與人妻們互相吸引，兩情（或「多」情）相悅，情慾流動自然俐落。女士們不但大膽奔放追求情慾，甚至彼此共享性愛經驗與情人。表面上是未央生享盡美色，其實是美婦團主宰、操控她們的情慾世界，充分表現「性愛之女力」。主人們玩得極忙，沒有多少戲份的家奴，如書僮與丫鬟也可以在另一旁自行取樂。不論是剝削壓榨他人的資產階級大地主或被剝削壓榨的無產階級，都有「愛」可「作」，皆大「歡喜」。

肉蒲團的性世界並沒有以強欺弱、逼姦脅迫，沒有陰謀害夫、教唆殺人、強占友妻。沒有以性為交換條件，沒有挾性鬥爭，也沒有藉性為階梯踩著別人往上爬。唯一衝突是艷芳老公權老實戴了綠帽，但未央生並沒有耍無賴、威壓權老實，甚至願意出一百二十兩買下艷芳，是權老實知道來龍去脈後決定報復，遂遠走高飛。

未央生與這些女人追求的是純粹的性的歡娛。於是一切就好像進出於「濕滑泥濘之道」暢通無阻，遂得暢快其慾。這豈不是一個極樂自在而臻理想大同的性愛世界？

（二）奇想、諧趣與情色結合的歡樂世界

天際真人是性愛世界的「灰袍甘道夫」、「巫師梅林」。對未央生施行陽具外科改造手術最為匪夷所思。以形補形，以狗之猛淫來補男人有限到可憐的精氣與外型。整套手術過程的前（如何準備雌狗、雄狗）、中（刀該怎麼切怎麼割）、後（術後如何調養禁慾），手術的利與弊、得與失都交待清楚，合情合理，可信度高，彷彿從醫書祕典抄來。回想讀過的其他幾本中國古典色情小說，主角頂多是吃春藥、抹春藥、配戴輔助性器（如西門慶的「托子」），從未有人動刀改造。微陽變巨物，巨物還想勝過他人的巨物，這也是千古以來所有男性朋友（無論是微是巨）的幻想吧。基於這段幻想的、科學的情節，應該可以將《肉蒲團》歸為科幻小說。如果天際真人是用法術變出一根新陽具，就可歸入「奇幻小說」。只是如此寫法又太方便主義。還是動手術曲折有趣。

之後未央生的性愛冒險旅程都靠這一根推動，而圍繞這一根的粗、大、壯也添增許多笑料。例如手術完成後第一次動用它，因假冒艷芳的醜婦極淫，未央生心想索性賞她一個下馬威，朝下一攻，「那婦人就像殺豬一般，喊起來道：**『阿呀！使不得！求你放輕些！』**」之後抽送過程又喊了兩次「使不得」，俟

一概專攻進去，婦人又喊：**「怎麼你們讀書人，倒是這樣粗魯，不管人死活，一下就弄到底？」**令人忍俊不住。醜婦倒是說對了，歷史證明，讀書人書讀多了，不見得通達，一旦掌握至高權勢，常常不管人死活，一弄到底啊。

詼諧的文字不只此處，當未央生捧著微陽給賽崑崙見識時，作者可是明譏暗笑，狠狠地調侃一番。一篇妙詞恭錄於下，可名之為〈微陽賦〉：

「本身瑩白，頭角鮮紅。根邊細草蒙茸，皮裡微絲隱現。掂來不響，只因手重物輕，摸去無痕，應是筋疎節少。量處豈無二寸，秤來足有三錢。外實中虛，誤認作蒙童筆管；頭尖眼細，錯稱為胡女煙筒。十三處子能容，二七孌童最喜。臨事時，身堅似鐵，幾同絕大之蟶乾。竣事後，體曲如弓，頗類極粗之蝦米。」

如同周星馳電影經典台詞「乞丐中的霸主」，所謂「極粗之蝦米」，還是蝦米啊。這般結合奇想、情色與詼諧的文字，構成一明明朗朗歡樂世界，令人讀來暢快愉悅。

（三）多元的性愛世界

肉蒲團世界的性愛多元化，因為人的慾望本就是多元。單單描寫一男一女太過單調。既然是幻想小說，索性寫開了去。

除一般男女性交，也有男男性交。例如未央生回憶年少時曾與同窗朋友性交（第七回，「**也曾做過龍陽，與同窗同學彼此相兌**」所以是互相交換擔任零號與一號，交互攻受）。他也常與自家兩個書僮性交，尤其喜愛一名喚「劍鞘」的，聽此名就知道這書僮的用途（第八回，「**澆了一回本色蠟燭**」）。

在傳統夫妻性愛之外、溢出日常軌道的有妓院嫖妓（第十八回）、偷丫鬟（第十五回）、長工偷主母（第十四回，權老實、玉香），至於勾搭有夫之婦更是全書重點。

參與性愛人數，「兩人」之外，有一個人的「打手鎗」（第四回，想不到古時候有這麼新潮的名詞）、一男二女3P（第十四回，權老實、玉香、如意）、一男三女4P（第十六回）、一男四女5P（第十七回）。人數由一至五，四百年後之現代歐、美、日色情電影亦大抵如此而已。

這個性愛世界也展現不少招數、戰法、論述及輔助情趣用品。

招數如第三回出現的「隔山取火」、「倒澆蠟燭」、「走馬看花」（即日本人說的「火車便當」）、第十二回男對女口交、第十四回「疏石引泉」、第十七回「蜻蜓點水」、「順水推舟」、「奴要嫁」、第十八回顧仙娘「陰陽三絕技」等等。

至於戰法，例如第十回初戰艷芳，未央生用了枕頭，讓艷芳了解遇到行家。家常一枕如何用、好處在哪，作者花不少篇幅解說。此外尚有不少肉體戰術與心理戰術散見於書中，無法一一摘出，讀者可自行研讀領會。

論述，有賽崑崙的「婦人三種浪法」、「春方只能使長久不能堅大」說、「幹得不爽反告強姦」說、「才貌只是藥引」說、天際真人的「房術為人為己」說、香雲「天下極硬豆腐」說、第十七回作者的婦人「中看三宜、中用三宜」說，都是過來人經驗談，甚至是慘痛的社會經驗，不是碎嘴，不是拖戲，不可忽視。

輔助情趣用品有：春宮畫、春凳、角先生、春意酒牌。這些東西確有實物。雖然不登大雅，但已是物質文化史的一部分，歷來學者均有相當考證，此處不再贅敘。

四、《肉蒲團》的哀愁

作者並不滿足於描繪美麗的性愛世界。所謂「作愛後動物感傷」，書中主角們於狂歡後淪入無解的哀愁。

未央生的哀愁在於他的「解放」竟得到超嚴苛的懲罰，此舉反映作者的心影與時代的局限。人為的司法警察機構永遠不夠完善，古人遂想像天、地間應該存在「報應」機制，寄望「老天」可以降下天譴止惡止淫、行天道天理。這個「報應」機制根本嚇不了未央生，在與孤峰辯論時他就懷著抗拒想法。整部《肉蒲團》就是一個渺小人類與天譴抗爭的過程。渺小的人類膽敢與天鬥，挑戰上天的正義，狂妄自大，終於失敗，換得一個身敗名裂。這也是許多神話的主題。

從寫作技巧看，如果只是寫情色，讓世間男女讀後激起性慾，那麼一男四女大雜會那裡就可以高高興興收結。作者出色的安排在於，他在故事中途插入權老實的復仇支線，進而引發連鎖效應，劇情轉為哀傷，最終進入「賢者時間」為結，使這部色情小說擴充出一個廣度，拉拔出一個高度。這個結局將色情故事推向嚴肅哲學層面，深切符合佛家思想與民俗觀點。也許作者本意只想用「果報」來包裝色情小說，並且對應第一回所謂變相的、迂迴的說教，以蒙騙官府檢查員與自己。但是「作者已死」，以現代讀者觀點視之，小說結構意外地作得好。

書中女性們也愁。首先，當時社會風氣男尊女卑，狹隘的觀念反映在性愛過程。香雲與瑞珠早起催未央生起床商量要事，見瑞玉睡倒在未央生之上，呈男下女上之態，馬上消遣他倆：**「今夜點燈不消買蠟燭了！」**因為女上男下姿勢俗稱「倒澆蠟燭」。而女上男下在古人眼中是「天翻地覆」、「顛倒乾坤」。天地綱倫是不能隨便反轉的。所以即使是性愛，這也是不正常的體位，合該消遣一番。

第十二回未央生於香雲陰戶聞得奇香，遂口交之，惹得香雲道：**「這怎麼使得！還不快些上來！」**未央生口舌一番作弄之後，香雲緊緊抱住他道：**「我的心肝，你怎麼這等愛我！我如今沒得說，也死在你身上罷了。」**香雲的反應正是基於男尊女卑心理，所以男舌竟然就女陰，是更不得了的事，簡直是施捨。以現代觀點看，根本沒什麼大不了。

再回到社會環境宏觀視之，當時「女人」基本只是男人的財產。在家是父親的財產，出嫁是丈夫的財產。未央生為何遭到這麼大的報應？只因為他勾引／侵占別的男人的「財產／女人」，致他人權益嚴重受損，破壞社會秩序。這可不得了，基於一報還一報，一物還一物的觀念，於是他的老婆玉香就必須先被權老實勾引上床，之後逃家淪為妓女，再被香雲等三美婦的丈夫們與無數老爺恩客們光顧性交易。這樣才能符合作者與當時社會的期待。

但是奇怪，所謂「報應」並不是直接劈到未央生頭上，而是讓未央生的財產／女人玉香、艷芳來承受，以性還性，以肉還肉也就罷了，竟以上吊自殺與被刀殺死結束二女生命，這是當時女人社會地位低落的哀愁。而情色事件應分擔另一半責任的男人們未央生與權老實，卻可以遁入佛門修成正果，男女待遇也差太多。

最後，書中尚隱含一哀，即人的慾望不得滿足之哀。綜觀此書，未央生心中慾望是層層上昇的，有了老婆就想要小妾，有了小妾就想要三美婦，停不下來。而追求慾望的過程往往埋下日後敗亡之根。道理已是老生常談，人人都懂，哀愁之點在於，人人都懂但是人人還是會追逐下去，永不滿足，至死方休。

那麼，有辦法逃離這個哀愁的世界嗎？我看是很難。未央生的方法是遁入空門，但是偶爾還會作春夢。擔心影響修行，索性把那根割了。問題根本在於，慾望係由心而生，並非由那根而生。陽具只是「工具」。要傷害肉體才能成就的修行算是真正的修行嗎？心不能做到的事，為何要歸咎肉體？沒聽過歷代宗教祖師、大師有哪位是後天閹割的，而歷史上利慾薰心的太監倒是不少。

五、天地間的淫書與書淫

儒教容不下「色情」。衛道人士認為淫書壞人道德、毀人心志，必棄之、禁之、焚之。然自我眼中觀去，地球上動植物皆感淫而生、生生不息，這有情世界本就是一個淫欲造成的世界。人人都是因淫性而生，生來即帶有淫性，生理帶動心理，心理激發生理，基本上「性生理成熟的人類」都會行淫事，天、地、人間存在著淫書，閱之、讀之、藏之，又有何不可？

推開鍵盤，回頭看看我塞滿整間書房的無用藏書。這就是「書淫」。好不容易入手珍本後，就想進階求得初版本，若再有作者題簽更佳。有了平裝，還想要精裝；有了精裝，還想要毛邊本。有普及本就想要限定本，有限定本就想要家藏本。如果封面採用紅黃藍綠四種顏色、三種圖案，那當然四色、三圖都要集齊。有一九四九年前的「民國本」就想收清刻本，有了清刻就想要明刻。萬一有元本、宋本，雖不太可能遇到，但誰不想要？

明知道世間書收不完，卻無止無盡地追逐、永無寧日。常常懊惱、時時懺悔，不是「覺後禪」，而是「覺後萌」：一「覺」醒來「後」故態復「萌」。未央生剁掉那根，我們是說「剁手」，但從來沒有一個藏書家真的剁手。我沒有比未央生高明，我與他有同樣慾不盡的哀愁。未央生廣收春色，我是廣收書色；未央生尋芳獵豔，我是尋冊獵書。從某個精神層次看，未央生就是我，我就是未央生。

2

從太空殞落的色情

村西透終於輸到只剩內褲。是的，這樣終於成為一個完整的故事。《AV帝王》第一季是成、住，第二季是壞、空。難怪第二季討論聲量不如第一季，因為第二季的村西真的沒哏了。AV帝王殞落的過程，摧枯拉朽，讓人硬不起來。

這一季是滿滿哀傷的一季。每個角色彷彿都只為村西而活，但村西卻傷透每個人的心。事業穩固後，他的心思全放在擴大事業版圖，而非創作及藝術。甚至沒把心思放在色情上，只想著要利用太空衛星投放色情到每個人的電視裡。從此分裂為兩個身分：創造色情者，是藝術家；投放色情者，是企業家。他用藝術家的熱情來追求企業家的壯志，目的是達到平等的、便利的色情解放。宏大的理念辯解起來頭頭是道，氣勢壓倒人。無法聽進CEO川田社長的一句勸，賭得太兇，場面扯得太大，即使沒有內賊，終究要失敗，更何況還出了內賊。

也是因為核心心腹川田出走才引來有心人，追究原因，正是無法無天的擴張慾望所致。

荒井敏及黑木香都是愛村西愛到渾身傷的人。這還不夠，最後還用生命來印證他們的愛。一個他殺，一個自殺。但說到底，阿敏的「他殺」其實也是一種自殺。黑木的醉酒恍神，也無異是另一種下意識自殺。村西何德何能值得託付這麼偉大的愛呢？黑木活過、死過，選擇回到母親身邊，奔赴歐洲回學校讀書。繁華歸於平靜。繞了這麼大一圈才回到原點。但是村西並沒有為她掉一滴眼淚。

最後一集的後段，村西潦倒至極。弄了些色情錄影帶及性愛玩具，隨便搞一個路邊攤隨便賣。川田社長在湘南海邊找到他，告訴他有關阿敏的事。川田對村西又是憐惜又是氣惱，說：「我不能借你錢，但是可以向你買些東西。」川田望著地下，從沙灘挖出一顆石頭。「你曾經是超級業務員，運用你的話術天才，推銷這顆石頭給我吧。」村西眼光一亮，略略思索，鼓起不爛之舌，開始叫賣，字字句句既荒誕、又合理、又讓人心動。不但賣這石，自己又從旁挖出另一顆來配成一對賣。憋屈一整季的村西，因為一顆石頭瞬間復活。

復活後的村西與乃木真梨子合組家庭，揹幾十億的債，仍舊有幹勁。為了妻兒，為了錢，連無聊的綜藝節目，吹衛生紙前進的遊戲也參加，這段情節係依據村西透真實的人生經歷。我還在 Youtube 上看過那個片段。

劇終時在涉谷十字路口拍鹹濕，引發大騷動，不知是否真實發生過，但村西確實說過這句話：「想死的時候不妨往下看，更底層還有我。」欠債數十億日圓的人，還能理直氣壯活出一個樣子，天下沒有幾個了。

看劇過程沒有認出來，銀行經理本田就是八〇年代日本偶像劇「御三家」之一的吉田榮作。雖然上了年紀，身形依舊挺拔。但我更慚愧的是沒有認出財團女帝竟然是宮澤理惠。這個角色在劇中高高在上，一點頭一搖頭可以決定財團走向及他人榮枯。村西闖進餐廳攪局，攪得她心海波濤洶湧。想看又不敢看，想生氣又心中暗喜，這個女演員把外冷內悶騷的勁兒演出來，令觀眾衷心期待村西找個機會把她也剝了。查演員表，差點摔倒，是宮澤理惠啊。難怪。

此外，也是查資料才知，最近火紅的話題女優「葵司」也客串一角。製作團隊眼光厲害。但據說第二季裡觀眾詢問度最高的，卻是最後一集，最後十分鐘才出場，出場時間不到一分鐘的女摔角選手。

最後補充一點，此劇畢竟是演義，不是紀錄片，為了戲劇效果，調整改寫不少真實歷史。例如，第一季黑木香以成名作《喜歡有點SM的感覺》（SMぽいの好き）崛起，第二季素人小導演無擋頭且無心造成的失禮意外，促使村西發明了「顏射」。但真實世界裡，黑木香在《喜歡有點SM的感覺》片中就被村西顏射了。事實是，「顏射」發明於一九八五年，比黑木香成名作一九八六年還早一年。

我是讀本橋信宏的《新AV時代》（新雨出版中譯本）才知道上述歷史。本橋親自採訪、貼身觀察，詳盡介紹村西透全盛時期及一九九〇前後那幾年的日本AV產業界。那些導演、編劇、製作人，能於這個業界生存的癡人、天才、瘋子、色情狂，其強、猛、離經叛道，大大超越我們的常識。真是Nice阿。

3

女神降臨我家！愛雲芬芝的性喜劇

議員讀高中的兒子佛朗哥荒廢課業，調皮搗蛋，夥同兩個死黨惡整代課老師，偷看女生們在廁所研究胸部大小，鬧得雞飛狗跳。無能的校長為了自己的官位著想，也只好處處包庇。

因為佛朗哥成績太差，議員施加壓力，若兒子畢不了業，校長也別想升官。這下為難了，罩這個扶不起的阿斗，校長總不能幫他考試作弊吧？於是想到，付高薪為佛朗哥找家庭教師惡補，或許有救。勢利又愛錢的體育老師知道此事，可以替議員、校長分憂，又可以賺錢，趕忙推薦他的未婚妻接下這工作。

於是年輕的家庭女教師 Giovanna Pagaus（愛雲芬芝飾演）來佛朗哥家報到。她落落大方、端莊美艷，清爽飄逸的洋裝下包裹一雙修長美腿，當場煞到佛朗哥。情竇初開，對「性」充滿濃厚興趣、好奇不已的大男生，遇上如此尤物，怎受得了。佛朗哥利用上課之便，想方設法窺視美女老師的大腿、胸部、裸體，甚至妄想能不能一親芳澤？

可是，老師是貞潔純正的。老師已有婚約，不是隨隨便便的女人。老師是真心想要幫助佛朗哥學業，成為好學生。佛朗哥幾次「詭計」都幾乎得逞，可惜很快就被送點心的女傭打斷。有次邀請老師及未婚夫到海邊別墅聚餐，老師喝多了不勝酒力，進客房午睡。佛朗哥也偷溜進去，把房門鎖住，對著海棠春睡的老師上下其手（芬芝的衣服全都開了，姣好的肉體也全都露了），意欲燕好，老師自睡夢中驚醒，極力抵抗，逼得她把牆上的獵槍拿下來自衛。

幾經波折，佛朗哥能不能透過老師「協助」，成為真正的「男人」？

這是愛雲芬芝（Edwige Fenech）主演的義大利性喜劇《家庭教師》（*L'INSEGNANTE*，一九七五）。

愛雲芬芝，一位生於法國（一九四八年十二月二十四日）的義大利人。一九六七年，才十九歲，就移居羅馬拍片，在蠻荒冒險電影《叢林女王薩摩亞》（*Samoa, Queen of the Jungle*）演出女主角「薩摩亞」。片中盡情展現她凹凸有緻又修長的身材。因為故事發生在叢林，又是類似泰山的角色，衣著布料不是很多。之後以主演R級情色電影出名。

她可能不知道她在臺灣有多紅。五、六年級以上的臺灣歐吉桑們，就算沒有看過愛雲芬芝的電影，至少也聽過她的大名。愛雲芬芝當紅的時候，在臺灣就是「小電影」、「A片」的代言人。不管戲院放什麼電影，只要海報上寫著大大的「愛雲芬芝」，就應該知道那是哪一種電影，那戲院是哪一個路數來的。

可惜我沒趕上那個時代。當我聽說「愛雲芬芝」這名字的時候，連毛都還沒長齊。等我長大了、有興趣想了解時，「小」電影的時代已經過去。等到我完全成人、可以理直氣壯、光明正大找些「錄影帶」來「研究」時，成人電影界早已「蕭瑟秋風今又是，換了人間」，「愛雲芬芝」已被世人遺忘。所幸拜近年DVD光碟普及，無意中找到幾部愛雲芬芝主演的喜劇電影，如獲至寶。

這部《家庭教師》是標準的軟蕊情色喜劇。「軟蕊」（Soft-core）就表示只有情色趣味，而不至於呈現真刀、真槍、真具。喜劇重點在於與性有關、或無關的玩笑胡鬧，因為年代略微久遠，歐洲文化、語言的隔閡，用哏粗糙老舊，現代臺灣觀眾不太笑得出來。情色部分清淡，沒有肉搏大戰（只有一場小小肉博），大多只露露大腿胸部，調劑調劑。重大看點是引導觀眾偷窺愛雲芬芝性感媚惑的肉體。

而這部片的妙，就妙在遮遮掩掩，循序漸進，欲擒故縱。愛雲芬芝不是一出場就脫給你看，而是一身洋裝走在樓梯上，讓佛朗哥及觀眾得以從下往上，仰窺裙內渾圓的大腿，若隱若現，真要命。然後隨著授課過程又看見隱約激突的胸部，撩起裙子調整大腿部位褲襪等等，甚至用計讓老師去浴室更衣，從鑰匙孔偷窺脫只剩底褲的老師裸體。以現今眼光計較，過程未免太久太慢，能看到的美景也不過如此。但這就是「情色」的藝術，微癢微妙，層層剝卸，絕非一般A片脫了就做的作風能相比。

在一九七〇年代，可公開放映的性喜劇能作到這個程度很不錯了，當年此片若來過臺灣，在「小」電影界想必非常轟動。

情色片一般總是要安排一位人盡可夫、或者情慾難耐的女主角，但此片女主角卻是認真教學、端莊賢淑的女子。面對佛朗哥的越軌行為，她認為只是青春期男孩子成長過程，普遍的心理問題，需要用教育關懷，耐心開導。因此佛朗哥雖然常出狀況，甚至對她不敬，她還是願意繼續上課。當然，也有部分因素是為了幫未婚夫賺錢。反差的角色性格設計成功。

未婚夫體育老師是十足的丑角，說話聲調怪里怪氣，肥胖的身體包在緊身運動服內，頂著一個黑色爆炸捲捲頭，留著希特勒式小鬍，好像捲毛海膽插在德國香腸一端，我們的女神愛雲芬芝怎麼會喜歡這種咖呢？啊！一朵鮮花被壓在牛糞下。觀眾只好更加疼惜女教師。不過這位扮演體育老師的演員 Gianfranco D'Angelo，可能是義大利有名的諧星，看得出來他有一套獨特的風格化表演方式，雖然是老派搞笑，卻是他自己的東西。爾後的女教師系列電影又找他以同樣的造型演出相似的角色。

片中不只有一個性感女人，佛朗哥家裡就有一個俏女僕。她有豐滿的胸部及勻稱雙腿，裙短得不能再短。她大膽開放，很樂意讓小少爺「研究」她的身體，可是佛朗哥實在「吃」不下去，因為這女傭臉上長著鬍子！佛朗哥說：「她的臉毛之多，好像一隻狗。」損友說：「那你把她的臉蓋住不就好了。」試過了，但是即使蓋住也「吃」不下去，只好請女僕拿塊布把頭遮住，露出內衣及大腿，拍一些性感照片送損友們欣賞。

這部《家庭教師》大概很賣座，後來又拍了兩部續作，角色並未延續，但是劇情都類似，幾位搶眼演員如愛雲芬芝、損友同學（Alvaro Vitali）、體育老師等都成了固定班底。

兩部續集裡，我看過第三集《L'Insegnante va in collegio》（一九七八）。此集故事較複雜，不如第一集精簡。笑話一樣不好笑。情色場面也不夠好。愛雲芬芝更加嚴肅不可侵，露得也不多，只有脫衣教學及偷窺淋浴兩小段露出兩點，加起來不到半分鐘吧。可是，觀眾還是會耐著性子把它看完，因為想知道後面會不會有意外驚喜？

第三集最精彩的段落是，男主角幻想英語老師愛雲芬芝一邊脫衣服一邊教英語。雖然對於師道大不敬，但是全天下國、高中男生及曾經是國、高中生的大人，自己捫心自問，這是不是你們發過的白日春夢？

印象中，我的高中老師都是老夫子、少壯夫子及女夫子，不記得有美豔女教師。我們還是對女校的女同學比較有興趣，常逼問康樂股長，何時才能去郊遊烤肉聯誼？我們對於性當然很好奇，也想見識傳說中的A片。好像城中西門町、城西大橋頭或河對面三重埔，聽人說有小電影或插播的色情片可看。但是我師大附中名門高校生怎會有那個狗膽走進去？

生命自會尋找出路。有一天，某同學神通廣大，竟然弄到一支A片錄影帶，召集五、六個要好同學一起看。他家有錄影機，就住在學校附近，週六下午下課喇叭聲一響（我師大附中係用喇叭聲取代鐘聲），一行人早已收好書包浩浩蕩蕩殺過去。當然不能上門就說：「某北杯好，某媽媽好，我們來你家看A片。」精明的某同學早就探聽好他爸媽那天、那個時段要出門辦事，把我們帶到門口，要我們就地形地物自行隱蔽掩蔽，他先進門查探大人是否確實不在。果然不在！他才現身招呼。在門外鬼鬼祟祟，苦苦等候的我們，一看到OK的信號，趕緊閃入屋內。

進客廳，人坐定，錄影帶一放，乖乖隆地咚，不是騙人的「白雪公主與七矮人」，是貨真價實的美國硬蕊A片。它還有劇情呢。記得講的是美國某大學體育健將們與女子啦啦隊、男女體育老師、校長的荒謬淫蕩紀事。真刀真槍，鉅細靡遺。3P、多P、男女、女女，應有盡有。這輩子頭一次見識何謂A片。行動大成功啊。但是，主事某同學事後吐露心聲，這種私人放映會的壓力太大啦，你們看得很爽，我可是分分秒秒擔心穿幫，若被爸媽抓到還能活嗎？後來直到畢業，再也沒辦過了。

4

化為鹽柱的女人與她的情慾

「當時，耶和華將硫磺與火從天上耶和華那裏，降與所多瑪和蛾摩拉，傾覆了那些城和全平原，並城裏所有的居民，以及地上生長的一切。羅得的妻子在後邊回頭一看，就變成了一根鹽柱。」——舊約聖經，創世紀第十九章。

魯斯．梅耶（Russ Mayer，一九二二——二〇〇四）生於美國加州。父親是警察，母親是護士。十四歲時，母親當掉結婚戒指給他買了一台八釐米攝影機。二次大戰期間在歐洲戰場擔任戰地攝影師，戰爭結束後，輾轉做過一些相片攝影工作，直到幫《花花公子》雜誌（*PLAYBOY*）拍了幾張「中間摺頁」照片（centerfold，花花公子雜誌著名的福利之一。裝訂在雜誌中間的特大張跨頁裸女美照，平常摺在裡面，欣賞的時候必須拉開）開始成名。

之後參與拍攝當時尚未成氣候的成人情色電影，堆砌滿滿的豐乳肥臀，獲致成功，從此一路走下去，廣涉攝影、編劇、導演、製作等工作，公認為美國情色電影大師。墓誌銘：裸體之王「King of The Nudies」，論斷一生成就。

臺灣觀眾對於他的作品較熟悉者是《小野貓的公路歷險記》（*Faster, Pussycat! Kill! Kill!*，一九六五）、《飛越美人谷》（*Beyond the Valley of the Dolls*，一九七〇）。

《小野貓的公路歷險記》塑造三名超殺女，顛覆性別迷思，既暴打又爆乳，任性妄為，痛快淋漓，已被影迷供入cult film殿堂。鬼才導演昆丁·塔倫提諾（Quentin Tarantino）愛死這片，參考它製作出一部《不死殺陣》（*Death Proof*）向梅耶致敬。

《飛越美人谷》則是述說三位年輕女舞者與經紀人前往靡幻之都好萊塢一圓明星夢的故事。牽涉性愛、肉體、麻藥、背叛、謀財及害命。

一九五二年梅耶與折頁海報女郎伊芙（Eve）結婚。伊芙婚後由模特兒、演員逐漸升格為電影製作人，從一九六三年《潘朵拉之巔》（*Heavenly Bodies!*）起，到一九七三年的《黑蛇》（*Black Snake*），主導或協助製作十多部魯斯・梅耶導演生涯最有名、最好的電影。一九六九年與梅耶離婚，旋即再婚。她本應成為好萊塢最成功女製片家之一，可惜一九七七年三月死於西班牙加那利群島機場空難，當時泛美與荷航兩架七四七客機在跑道高速相撞，五百八十三人死亡。

魯斯・梅耶本來只拍風月，自《蘿娜》（*LORNA*，一九六四）開始，除了巨乳，也試著帶進嚴肅主題。這部電影只花六萬美元，據稱是美國電影史上第一部拍攝性剝削（強姦）的電影。

電影一開始，類似《瘋狂麥斯》（*MAD MAX*）的主觀鏡頭奔馳在鄉間公路上，一個長得像林肯的傳道者站在路中央擋住去路，警告觀眾，審判別人的人亦將受到審判，懲罰別人的人終將受到懲罰。要同他一起對抗邪惡的話，就順著路走下去吧！於是主觀鏡頭繼續跑，故事發生在公路那一頭，美國偏遠鄉下某個貧瘠小鎮。

兩名工人路德（Luther）和約拿（Jonah）在街上閒晃，撞到疑似醉酒（或是中暑？）的單身女子露蒂（Ruthie），搭訕獻殷勤不成，尾隨女子回家。一路上搖搖晃晃的臀部引人遐思。路德見女子好欺，強行入屋欲侵犯，女子極力反抗，猛咬一口傷到路德，遂惱羞暴怒，痛打女子一頓，敗興而出。由色情引發殘忍暴力，這就是性剝削。但是這段劇情與本片沒有太大關係！什麼審判、懲罰講得頭頭是道，這兩個壞蛋並沒有受到處罰。編劇更在意女人犯的罪。

小鎮郊外臨近河岸住著一對年輕夫妻吉姆（Jim，James Rucker 飾演）及蘿娜（Lorna，Lorna Maitland 飾演）。美艷少婦蘿娜感慨，新婚不多久，愛情已不似婚前那般濃甜美麗。於性事，丈夫當她是性工具而不是女人。只知橫衝直撞，不知溫柔徐進。既衝撞後又無「凍逃」，兩下就繳械。且不過是個鹽場小工人，發不了大財，少婦大概要一輩子困在這個死寂的小鎮，枯萎老去，與花花世界無緣。而這個婚姻才剛要滿一年而已。

這一天，是夫妻倆結婚週年紀念日，蘿娜一夜憂煩，懶得起床，吉姆只好自己料理早餐，準備午餐三明治，匆忙和同事路德、一起搭小船去鹽場上工。蘿娜裸起穿衣，百無聊賴，散步到河邊，入水洗浴，正所謂「霧餘水畔，紅杏在林」。同時，有個歹徒（Mark Bradley 飾演）昨夜越獄，逃到附近，在河邊打死釣客搶他衣服、釣竿，繼續逃亡，卻撞見躺臥草叢休息的蘿娜。兩人驚惶打個照面，逃犯色心大起，不發一語，一傢伙就將蘿娜推倒強暴。蘿娜起先抵死不從，但是從粗暴的性行為中感受前所未有的快感，驚嘆深刻猛放的狂喜，竟然順從配合，甚至享受。完事後，情投意合，帶逃犯回家。

丈夫吉姆這邊，只能猛烈敲擊鹽塊。同事路德虧他，家有美婦根本罩不住，你在工廠拼命努力幹，可不知道你老婆在家裡又是和誰「努力」？送報紙的？送快遞的？推銷員？吉姆不堪同事整天一直開惡劣玩笑，動了真氣，怒吼「蘿娜是好女人！是好女人！」爆打兩同事。出了一口氣後，雙方倒是都有悔意，一個不該亂開玩笑，一個不該出手打人。今天是吉姆結婚紀念日，竟玩笑至擦槍走火，三人已無心工作，向老闆請假提早下工，搭小船先送吉姆回家。

蘿娜這邊則給逃犯吃喝、梳洗，好不容易存著準備買衣服的錢，不惜挪用買豐盛食物招待他。於商店購物時，聽到老闆與客人談論兇殘的逃犯可能已潛來小鎮。蘿娜心裡有數了。回家看到逃犯洗淨刮鬍後，現出活脫脫一個精壯俊美漢子，勾起蘿娜淫心，照料無微不至。不到一天時間，逃犯就經歷了越獄、逃亡、殺人、強姦女人，好不容易飽餐一頓，累得只想在床上躺平。蘿娜卻不放過，拋棄羞恥，撫摸擁吻，主動獻身。想以肉體勾動逃犯帶她遠走高飛。本以為丈夫五點半才回來，沒想到剛過中午，就聽到小船引擎聲嘟嘟嘟由遠而近，將蘿娜從性愛歡娛中驚醒，匆匆忙忙穿衣整裝。逃犯想的卻是該如何搶奪這艘船，挑了一把利斧。

蘿娜去河岸迎接，看丈夫一臉傷，急切追問發生何事。吉姆沒說破，宣稱係發生車禍，幸好路德救他，說完逕自蹣跚走回家。路德則老實告訴蘿娜，這是我的錯，沒有什麼車禍，是因為我開你不守婦道的玩笑所以被揍，現在看到你們恩愛的樣子，我鄭重向你們道歉！

此話一出，重重打擊蘿娜，又羞又愧，看到丈夫漸遠背影才想起家裡還躲著逃犯，失聲大叫：「吉姆！」逃犯持利斧自屋內殺出，兩人糾纏打鬥。吉姆不是逃犯對手，立刻落於下風，眼看逃犯手中利器即將刺殺吉姆，蘿娜衝上和逃犯扭打，路德趁機投射出隨身小刀，正中逃犯背部致命要害，而蘿娜也被逃犯利器刺中胸口。逃犯及蘿娜雙雙斃命。

傳道者又出現面對觀眾，引用舊約聖經創世紀，耶和華天火焚城，羅得之妻眷戀淫靡奢華的生活，才一回望故城即化為鹽柱的典故來告誡世人。死在地上的蘿娜也化成一具鹽白裸女。劇終。

忘記如何疼愛老婆的丈夫失去老婆；越獄殺人的逃犯得到自由卻失去生

命；不安於室、大膽釋放情慾、憧憬繁華夢想的美婦於剎那間失去一切。

魯斯·梅耶的作品以軟蕊情色性喜劇居多，畫面中擠滿裸女、巨乳、肉彈，但據說他本人私生活很嚴謹，道貌岸然，絕不亂搞。這在如同所多瑪城般靡爛的好萊塢，根本是異類。

《蘿娜》中心思想彷彿靈、肉分離。一方面毫不掩飾地裸露女人甜美肉體，歌頌她的性感、同情她的處境、並且讚美她的女性自覺及情慾自主；另一方面卻又譴責女人的「淫蕩」言行。依照「當時」的道德觀，給她一個喪命的下場，並且引用聖經教義來嚴厲訓斥。

魯斯·梅耶的鏡頭調度並非中規中矩，常採用低仰角、高俯角、大特寫（超大特寫的嘴唇壓近銀幕），還有多段大段第一人稱運動的主觀視角，都是很風格化的手法。最美的畫面還是呈現蘿娜的豐唇、巨乳與美腿，搭配天上明月與河岸清風，疏影橫斜，暗香浮動，幾個段落把她拍成女神了。

主題曲「蘿娜」由鮑伯·格拉碧烏（Bob Grabeau）演唱，深情款款，悠揚動聽。配樂頗不俗，JAZZ 薩克斯風領銜三重奏，低迴婉轉，舒緩纏綿，烘托蘿娜致命的美貌與性感，連樂曲都變得色色的。「蘿娜」一曲係 Hal Hopper 作品，就是演工人路德那個演員。他除了寫過幾齣戲劇的主題曲，也寫過劇本。魯斯・梅耶另一部作品《摩托狂人》（*Motor Psycho*）的故事就是 Hopper 和 James Griffith 合寫。James Griffith 就是開頭那個傳道者，也是本片編劇，只花四天就完成這個劇本。

本片成於一九六四年，年紀比我還老。黑白攝影，全螢幕，雖然片長只有七十八分鐘，其實恰到好處，太長、太短都不行。

天使事先已嚴重警告，為何羅得的妻子仍要回頭一顧遭天譴的故城？因為所多瑪城有她全部的慾望及最美好的回憶吧？或許她的前半生都在「罪惡之城」度過，嚐盡多少人間煙雲升浮墮落。那些「罪與惡」，上帝不容，道德不許，本該斷然棄絕，卻是渺小卑微的人類，據以賴活的幻夢與愛戀。曾經浩大耽美的浮華靡麗淪陷了，焚毀了，難道不值得回頭看它最後一眼？人類就是如此固執，即使只剩下那一丁點慾念孽根，雖劫火猛烈，猶燒之不失。

5

緊縛綑綁開出情慾之花

高齡九十五歲的田代一平（石橋蓮司飾），老朽得幾乎走不動，卻仍掌控日本地下財經，權勢不可估算。偶然看到青年實業家遠山隆義（野村宏伸飾）的妻子，名舞蹈家遠山靜子（杉本彩飾）的舞姿媚影，遂動了非份之想。

遠山雖然身價上千億日圓，雄霸一方，然而遇上田代老人亦不堪一擊。被抓住行賄、淘空資產的把柄，逼得必須於名聲事業及美麗妻子之間作選擇。這個交易太荒謬，結婚十年來，妻子百般柔順，也承諾要減少工作來照顧他，然而衡量利害得失，身家性命的危機太大，心一橫，藉口參加田代的社交聚會，忍痛將妻子送進虎口。

靜子夫人被拘禁在田代掌控的地下祕密俱樂部。要強暴靜子的肉體輕而易舉，然而田代要的並非這個。他指揮手下們對靜子展開一連串性調教與性虐待，要破除靜子的矜持與心防，更要釋放她壓抑多年的性慾望，開發深沉不可測的性潛力。全部過程開放給祕密俱樂部會員們現場欣賞。

名門貴媛、上流社會社長夫人靜子怎會輕易就範？於是祕密俱樂部「工作人員」及緊縛調教大師施展出各種SM密招，甚至抓來靜子的女保鑣京子作為要脅，順便連京子也一起緊縛性虐。靜子為了保住京子一命，不得已，終於打開防備，徹底放棄羞恥，完全張開，配合「工作人員」及大師的擺弄，釋放性慾，變成性的玩偶、性的野獸。

田代老人見調教已成功，遂擯退保鑣，親自上陣，病到走不動，就用爬的，一扭一扭猶如一條蛇般，爬向綁在十字架上、妖嬈如情慾之花的靜子。

這是石井隆編劇、導演的SM情色電影《花與蛇》（二〇〇四）。改編自團鬼六原著小說。

團鬼六（一九三一年四月十六日——二〇一一年五月六日），本名黑岩幸彥。生於關西的彥根市。祖父在當地經營電影院，去世後傳給他父親信行。

他的母親香取幸枝（此為藝名，本名幸江）有些來歷。幸枝的姐姐是藝能界女優六条奈美子，幸枝則在松竹電影公司當臨時演員，結識詩人、電影作家國木田虎雄（大文豪國木田獨步的兒子）遂於大正年間結婚。一九二四年生了兒子篤夫（日後的演員三田隆），卻在一九二七年離婚。之後於松竹演藝部工作，認識想當劇作家的黑岩信行，再婚，於昭和六年（一九三一）生下鬼六／幸彥。

寫這一大段八卦，只是想說明團鬼六的父母與電影界、文藝界關係匪淺。鬼六學歷不低，關西學院大學法學部畢業，但是沒有當律師的志向。可能因成長環境與遺傳，他的興趣首先在演劇、演唱。可是當藝人畢竟要有天分及機緣，終究也沒什麼成績。卻因為一本《奇譚俱樂部》（奇譚クラブ），主題是SM、性變態、性虐待，不登大雅之堂的性風俗雜誌，啟發他的「性趣」，激發創作靈感，改變人生走向。

幸彥以筆名花卷京太郎投稿《奇譚俱樂部》，於昭和三十七（一九六二）年八月刊出小說《花與蛇》，造成轟動，續篇遂一部部問世，完結篇登在《S&Mアブハンター》雜誌，共十二回，於昭和五〇（一九七五年）九月連載完結。

從這部起，專攻ＳＭ題材，遂成為官能小說大師。

一九六三年開始用筆名「團鬼六」。其中的「團」，取自心儀的女演員「團令子」。她不是大紅大紫的名女優，但是她曾參演小津安二郎的《小早川家之秋》及黑澤明的《椿三十郎》、《紅鬍子》。「鬼」，係自許為色情小說之鬼。「六」，係出生年昭和六年。

小說《花與蛇》系列衍生的影像作品可不少。

最早的映像化是一九六五年電影版，由山邊信雄開設的「ヤマベプロ」影視公司製作，岸信太郎監督，團鬼六編劇，黑白片。之後到一九六八年期間，又拍了四部續作《縄と乳房》、《鞭と肌》、《続・花と蛇　赤い拷問》、《花と蛇より　肉の飼育》。

擅長拍攝成人電影的日活，在一九七四年也推出電影版《花與蛇》。於八〇年代又拍了四部續集：《地獄篇》、《飼育篇》、《白衣縄奴隷》、《究極縄調教》。進入二十一世紀，東映拍出二〇〇四年新版《花與蛇》，之後還有二、三、《ZERO》等三部也成了系列。此外另有成人動畫、電玩遊戲，甚至還有十八禁的舞台劇。至於小說集、繪本畫冊、漫畫、攝影寫真集等紙本出版品更是層出不窮、數之不盡。

二〇〇四年《花與蛇》除了緊縛之外，還搭配了滴蠟、灌水、噴尿、騎馬等SM花招，甚至附贈「皮虐娛悅」、女同、單人對多P等性過程。等於一場SM基本功展示會。專業緊縛師打繩結的動作快、狠、準，切中要害，綳出要點，花樣繁多，歎為觀止。

中文有成語「繩之以法」及「五花大綁」，涉及對於犯人的繩罰綑綁術。說不定緊縛術就是從中國傳入扶桑東瀛？荒木經惟最喜歡拍攝女體緊縛。他說緊縛雖然拘束女性肉體，卻釋放她的靈魂。大師說的話就是厲害。正宗緊縛必須由專業師傅操作，講究起來是一種上乘手工藝術。要求綁到緊而不鬆，痛而不苦，痕而無血。有時擺地上，有時吊半空。又能綁出一種淫靡姿態。常看一些攝影寫真也學人家拍緊縛，但是繩子綁得鬆垮垮地，女模還笑嘻嘻地，實在走味。

在成人電影裡，最常見的就是男性對於女性的權力宰制。男性任意作弄、監禁、施虐女體，女人只有乖乖被操弄的份，或許因此得到快感，或許並不會。本片的權力宰制除了出現在田代（及俱樂部眾人）對靜子之外，還有田代對於遠山的壓迫（權勢壓迫）、遠山對於靜子的壓迫（配偶的壓迫），使得強凌弱呈現一個有如食物鏈的動線，夫妻二人同時淪為強權下的犧牲品。

但是，這個宰制食物鏈在劇終時卻出現驚人變化。靜子與化為「蛇」的田所交媾，主動坐在他大腿上，採「觀音坐蓮」式納入，自動達到高潮，同時也把九十五歲田代老人接引到西方極樂世界。最脆弱的她，才是站到頂點，吞噬一切慾望的花蛇。緊接的行動令人咋舌。奪槍、幹掉田代得力助手，逃出魔窟。老公來迎，與老公相擁共舞，老公說我們回家吧。「回家？」靜子開槍把老公也做掉。幾個玩弄靜子的男人都死在靜子手上。這是靜子覺醒後的反撲，對丈夫的反撲，對父權宰制的反撲。

田代等人用性虐手段開發靜子的性潛力、性慾望，其實重點在於欣賞開發的過程。看高貴、矜持的夫人如何從羞怯變放蕩。同時，這些變化過程及開發之後的女體，及女體本身的欲望，都必須牢牢掌控在主事者手中，歸結還是「權力」。田所及會員要的是這個。如果對象是一位本來就慣於享受箇中滋味的豪放淫女（平常就吃重鹹），這一套儀式就沒有意義。

說到女人的慾望，靜子的貼身女保鑣野島京子（森月未向飾演），是情色電影必備的「沙必死」配角（不能光由女主角提供沙必死，太累了，而且配角名氣小，沒包袱，可以作出更大尺度）。曾經保護靜子免於被蒙面歹徒襲擊，但也逃不過被田代手下抓去密室性虐的下場。反而靜子犧牲自己來保住她的性命。當京子被迫和靜子親熱時，京子悄悄對靜子說她是假裝的，求靜子配合一下，否則歹徒會殺了靜子，接著忍不住說出的那句話最是有趣：「可是，我也是真的喜歡你，我一直在注意你，今天我倆可以這樣在一起，我心裡也很高興吶。」

靜子就是這麼一個讓男人女人都能激起慾望的女人，讓「朽木」變成「蛇」的女人。這個女人是杉本彩啊。京都祇園出身，一九六八年次，身高一六八公分，時值三十六歲的杉本彩，適達女人最精彩的熟度。美豔的容貌、迷離的眼神、妖嬈的身段、乃至喘息聲、喝水聲，在在完美詮釋令人為之瘋狂的靜子夫人。究其實，全片就是為了杉本彩女帝登基所搭建的天台，所有的角色都是跑龍套罷了。杉本彩因本片確立情色女帝地位。之後演而優則寫，也成為官能小說作家。過了許多年才把情色女帝的權杖交給壇蜜。「女帝」是我自己封的。

日本情色電影有許多禁室培育、緊縛、刑罰、SM、強暴、痴漢、NTR

題材。雖然本文主題是《花與蛇》及SM，但我是因杉本彩挑選此片，實則與它們頻率不太合。明知是作假，總覺得太多暴力，太多脅迫，太多傷害。看時心中有疙瘩，看後得不到快感。在現實生活裡，有人喜愛SM，強調必須在雙方互相信任的條件之下，各取S或M之所需。他們以合意的方式進行，我沒有意見。我始終認為，女人就是要疼、要惜、要哄，捧在手心中呵護，捨不得下手鞭打。即使是對方首肯的「恰到好處的鞭打」。

第六章 舊日的傾奇者

1

鮑伯・羅斯的美畫與哀愁

在某串流平台找到一部美國風景畫家鮑伯・羅斯（Bob Ross）的紀錄片《鮑伯・羅斯：繪畫的美好，背叛與貪婪》（*Bob Ross : Happy Accidents*□*Betrayal & Greed*）。我看過他主持的節目，讚歎他快速又神奇，如上帝創世般的畫技，卻全然不知他的生平來歷。觀賞過這部記錄片後，我可以這麼說，歷來所有惡搞、趣搞他的笑話、迷因或模仿，都對他太失敬，應該收回。不過，他大概不會介意。

鮑伯・羅斯生於一九四二年，成長於美國東南方溫暖潮濕的佛羅里達。十八歲加入美國空軍，生涯契機是調派到本土之外、極北國境阿拉斯加，待了十二年。見識當地的冰雪與大山，視野及心胸為之大開。阿拉斯拉的山水草木從此化為他畫作的元素，記存於腦中。

軍旅閒暇之餘發展繪畫嗜好，拜師學藝。老師於第一堂課就看出他是優秀畫家。畫室學員常放下筆刷跑去看鮑伯畫什麼。他也喜歡身邊有觀眾的感覺。老師於訪談說：「因此我絕對不想做的事，就是宣稱我是鮑伯的老師。」

從軍二〇年於一九八一年退伍。進入知名畫家比爾亞歷山大的公司，擔任巡迴藝術講師（**the happy painter**），兼賣油彩、畫布及筆刷。遇上柯瓦斯基（**Kowalski**）夫婦之後，成為事業伙伴。為了促銷繪畫課程，上電視作了一次推廣。**PBS**公共廣播電台發現這人太出色了，邀他主持《歡樂畫室》（*The Joy of Painting*）節目，在電視上教觀眾畫畫。

鮑伯主持（主畫）的《歡樂畫室》堪稱史上最成功電視繪畫節目。從一九八三年一月十一日到一九九四年五月十七日，共三十一季，四〇三集。

節目現場布置超級陽春。一片漆黑的畫室裡只有一人一畫架。鮑伯頂著一顆蓬鬆爆炸頭，一嘴大鬍子，著淡藍或淺色系長袖襯衫、藍色牛仔褲，左手持特大調色盤。這個造型持續十多年甚至至死不變。即使癌症化療令頭髮掉光，他也要戴上爆炸頭假髮示人。此形象深深烙印於世人心中，辨識度之高，歷代畫家大概只有割掉耳朵包紮後的梵谷差堪比擬。

第一季第一集，他先用魔術白在整張畫布上打底，三分四十五秒處，他用黃色顏料下了第一筆。傳奇就此展開。

《歡樂畫室》有兩大特點。一是鮑伯低沉輕緩，略帶性感的聲調，誠懇地對著觀眾傾訴，話語盡是鼓勵善誘的心靈雞湯，讓你相信畫畫是世界上最快樂的事。一是他乾脆俐落的技巧，御運畫具在畫布上刷、刮、戳、推、按，將山川風月、湖雲溪林任意搬進畫布，不到半小時即完成一幅風景畫（節目只有半小時，掐頭去尾，他只能於二十六分鐘內畫畢），渾然天成，讓你相信畫畫是世界上最簡單的事。

藉由紀錄片，我才知道，原來鮑伯·羅斯節目上展現的畫至少有兩個版本：一張事先作好的初稿，擺在攝影機拍不到的右側；一張就是觀眾所見，參照初稿，現場揮毫而成。據說還有第三張，會畫得更仔細，以便將來刊登在書上。

除了電視節目外，鮑伯與柯瓦斯基夫婦合夥，開設「鮑伯·羅斯公司」，販賣冠名鮑伯·羅斯及頭像LOGO的美術書籍和用具，開設繪畫班。也授權給其他公司製作周邊商品。例如某公司就推出一款名為「happy little trees」薄荷糖，鮑伯的畫及肖像就印在包裝上。惟鮑伯對於商業法律及著作授權不太講究，以致後來發生很麻煩的事。

節目作畫累積超過一千件作品，成名後幾乎沒有出售過一張。現今存放在鮑伯·羅斯公司。他認為他的畫不甚重要，觀眾自己畫的才重要。他不在乎「身為畫家」這件事，而在乎是否「人人都能當畫家」。他也不在乎顏料一支賣多少錢、畫刷賣出多少支。他更在乎畫畫帶來的樂趣。因為這樣的藝術家性格，鮑伯並沒享受到太多財富，時間上亦不允許了。一九九二年妻子珍去世後兩到三週，鮑伯確診得了「非霍奇金氏淋巴癌」（另一說是一九九四年確診）。節目後期苦於癌症折磨，並未對外公告。一九九五年七月四日去世。享年僅五十二歲。

Joshua Rofé 執導的《鮑伯·羅斯：繪畫的美好，背叛與貪婪》紀錄片後半段，聚焦鮑伯過世後，兒子史提夫與柯瓦斯基夫婦的鮑伯·羅斯公司之間，爭奪鮑伯形象、商標、名號、版權及相關商業利益的法律攻防戰。這部分就是片名所指的「背叛與貪婪」。兩造各有各的說詞，法院判兒子史提夫敗訴。依據法律執行的世界，講的是白紙黑字，赤裸裸的殘酷。史提夫至今沒得到父親遺產收益任何一塊錢。但是他早已得到父親最大的遺產：喜愛繪畫的心。鮑伯曾在節目中稱讚兒子是他所見最擅長畫山脈的畫家，企圖建立傳承。輸掉官司的史提夫打起精神，繼承父志，繼續授課教畫。

我問就讀藝術大學美術系的女兒甜茶，你們學院派怎麼看鮑伯．羅斯作品。她搖頭：「當然不行，太匠氣。」但是她們姊妹倆小時候都曾經在百貨公司文教區專櫃上過速成油畫課。大概是科瓦斯基家族授權在臺開設的吧？專櫃擺著鮑伯的海報，老師用鮑伯的教法。畫出來的小作品就是一張鮑伯．羅斯縮小版。小朋友開心，家長更滿意，裱起來掛客廳。匠氣也有匠氣的好處。

《歡樂畫室》第一季第一集〈A Walk in the Woods〉開宗明義，揭示兩個主題：

一、人人都會畫畫，不需要特殊天分。只要你願意練習，凡事都能達成，繪畫亦不例外。

二、畫畫不需要準備一千五百種工具、顏料，只要一支刷、一支刮刀及八種顏料。

紀錄片中文片名「繪畫的美好」，並不準確，原文是「Happy Accidents」，快樂的意外。典故來自鮑伯說：「很多觀眾來信提到，如果我畫到一半發現自己不滿意，我該怎麼處理？我總是回答，我們不會犯錯，那些是快樂的意外。都可以補救。」放下畫筆，回看我們的日常、職場，亦應作如是觀。

他邊畫邊說：**「每一天都像是禮物，畫布上都會有新奇的事物，這裡有一棵快樂小小樹，也許有快樂小小雲飄在空中，一些快樂的小傢伙。」**日常生活裡，繁忙都市裡，還有誰會去注意小小樹及小小雲？

小小樹及小小雲微不足道，似有若無，卻是畫龍點睛的那顆「睛」。他的畫境不是人間。那裏沒有人。那是愛、和平與寧靜所投射的極樂世界。唯有宇宙中最純淨的心靈方能造出此境。他活在畫裡，也邀請觀眾進去。

他相信任何人都能創造，即使是色盲。有位先生對他說：「我無法畫畫，因為我是色盲，只能看到灰色調。」他暖心地在節目上回應：「我們今天就畫一幅灰色的畫，讓你知道所有人都能畫畫。」

鮑伯的人生一直是彩色的，直到一九九二年八月一日，妻子珍癌症病逝那天。可能是他一輩子最大的打擊，整個人都垮了。但他還是強忍振作，主持八月二十五日播出第二十五季第一集。

若人生突然由光明轉成黑暗，怎麼辦？前一年第二十三季〈Mountain Ridge Lake〉這集，於明亮湖邊加上黑色暗影時，突生感觸，說出只有他才會說的一段話：

「有時你心情不好時，會傾向使用暗色系畫畫。因為畫畫會反映出心情。有時候你甚至根本沒有察覺就這樣發生了。

如果你把亮色加上亮色，你會畫不出什麼；

如果你把暗色加上暗色，你也畫不出什麼。

就是這樣，就像人生一樣，你偶爾要傷心一下，這樣幸福來臨時你才會知道。我正在等待幸福來臨。」

這已經到了通透明澈的哲學境界，你怎能不拜服？

細細想來，慢慢咀嚼，他的話語簡直是幸福的催眠術：

「我相信這塊畫布就是你的世界。」「你擁有自由。」

「我們再畫一棵樹吧，因為每棵樹都需要朋友。」
「邊邊加幾枝樹枝，這是我們的祕密喔。」
「有快樂小小雲住在天空上。」
「只要輕輕點，稍微推幾下。」
「你看，很簡單吧！」

（原載二〇二二年五月九日國語日報《中學生報》第四八六期）

2

與 Chet Baker 一起迷失吧

如果不是去法雅客隨意逛逛，如果不是在它門口文宣品區亂瞄，如果「聲音的痕跡」影展文宣品不是用切特．貝克（Chet Baker）照片當封面，我就不會好奇取來看，就不會發現這部惦記心裡已久的電影現身台北。

二〇〇七年八月至九月，臺北光點電影院辦了一個「聲音的痕跡─聲音 vs. 影像影展」，其中有這一部撼動所有切特．貝克樂迷的電影：《一起迷失吧》（Let's Get Lost，一九八八）。

看到海報大驚。九月六日晚上十點奔向從來沒去過的光點電影院，瞻仰我的偶像。

《一起迷失吧》紀錄切特．貝克生前最後一段身影。同時也訪談 Chet 本人、他的母親、各任妻子、兒女、朋友們、合作的音樂人們，回憶、談論 Chet 的一生及幾件他生命歷程中重要事件，例如在 jazz 樂壇嶄露頭角、牙齒被打爛的暴力事件、在義大利吸毒被捕事件等。

除了面對攝影機的訪談，劇組人員還帶他去海邊嬉戲、錄音室錄歌、開敞篷大車夜游車河、遊樂場玩碰碰車、PUB 喝酒聊天、坎城影展酒會上獻唱、Chet 與男男女女嬉鬧成一團。將近六〇歲、滿臉深刻皺紋、時時晃神的 Chet 左擁右抱，懷中的美女們看他的眼神滿是崇敬、愛慕與迷失。或者，濕。若換作我坐旁邊，也是要濕的。

然而時不我予了，黃金歲月真的已經逝去。導演採用黑白高反差的光線、移動的手搖攝影、異國城市的街景流轉變動、陌生的義語法語聲聲入耳、青年男女恣意玩笑打鬧、背景偶爾流洩出年少的 Chet 清嫩嗓音唱出的歌聲，凡此種種反而襯得老 Chet 在此時此地的格格不入與疲憊不堪，像極了八〇年代末期的爵士樂。

Chet 迷觀看這部電影時，必須面臨偶像活生生被現實擊敗的畫面，必須面對偶像自甘墮落的真相，以及偶像口中那些「事實」與「虛假」、誠實與欺騙交錯難分的過往雲煙。這個過程長達一二〇分鐘，足足兩個小時直觀逼視。如果不是 Chet 迷，恐怕電影播了一個小時之後，會開始不耐煩：為何要盯著銀幕上這個又老又醜、明顯吸毒過頭、氣都快喘不上來的老混蛋？

Chet 是出自音樂家庭的幸運兒，一個白人胖小子，截然不同於那些出身貧民窟、於底層掙扎、滿腔憤怒的黑人同行們。他們以吹奏 jazz 樂代替開槍濫射，而他只是吹好玩。上帝賜與他音樂方面的秀異天分，才二十幾歲，吹小號吹到「jazz 教父」邁爾士．戴維斯要迪吉．葛拉斯彼等人當心這白人小子；傳奇樂手「Bird」Charlie Parker 指定要跟他合作，樂評家視他為 jazz 樂壇「白人的希望」。

更過分的是，他不但會吹，還會唱。稚嫩、慵懶的嗓音輕柔略顯中性，唱出青春無邪、唱得令人心碎。一首「My Funny Valentine」被他唱成世紀超級芭樂（Ballad）曲。很多他的粉絲是先迷上他的歌聲（尤其是這一首），然後才迷上他的小號。

除了會吹、會唱，更更過份的是，他長得真美。很多粉絲迷上他不只因為歌聲或小號，更為那張有可愛孩子氣、又兼具成熟深刻的俊臉，可匹敵同時代的偶像詹姆士狄恩。攝影師威廉．卡克斯頓貼身拍攝切特．貝克，或伴隨女友，或與同事合奏，一系列居家、錄音室、現場表演照片，幾乎和 Chet 的唱片一樣轟動，一樣成為傳奇，這很妙，歌手的照片竟與歌手本人一樣重要。甚至，這批照片推動了造神的過程。希臘神要有雕像，亞洲神要有神像，這批照片就是 Chet 的神像。拍得多好？無法形容，因為我無法形容神的外貌。有粉絲只因為照片而愛上 Chet，憑著登在唱片封面上的照片而買下唱片。與其說收集唱片，不如說粉絲是收集 Chet 的照片。單憑《Young Chet》這本攝影集，卡克斯頓即可封為「人物攝影的造神者」。

然而這個擁有美貌、美聲、美技的美男子，他的性情，說好聽是個浪子，說難聽些，是個十足的痞子。甚至是個騙子。從軍入伍後，為了脫離軍隊生活，曾經假裝精神失常。毒癮發作時，會裝可憐向小舅子騙錢買毒品。前任老婆說他就是會裝無辜。

親友們毫無保留的說法讓人印象深刻。一位老朋友說 Chet 是泡妞高手，有次轟趴躺在他身邊就和女生搞起來。Chet 從來不練習曲目，他天生就是懂，就是會，讓同是爵士樂手的老友忌妒到想死。

問起他是否是個稱職的好兒子，Chet 的媽媽不願意談。有一任老婆愛他愛到發狂。另一任老婆說那女人是神經病。又有一任老婆說她對Chet最好，另一任老婆說那個女人才是bitch，Chet就是毀在她手上。Chet說打爛牙齒事件是因為有人故意要整他，前任老婆說Chet沒說實話，其實是他自找的。

Chet談起有一次在朋友家聚會，有一個傢伙躲在角落打針，high到幾乎休克，差點救不活。看他講得那麼認真，甚至帶有一絲恐懼，我忍不住懷疑他講的不會就是他自己吧？

這個人的一生就這樣在真實與虛假中晃過。連人生的最後一幕也演得華麗淒美，真假難分。《讓我們一起迷失》拍攝完成之前，一九八八年五月十三號星期五，Chet Baker服用海洛因及古柯鹼後，自阿姆斯特丹某家飯店窗戶跌落而不治。意外？自殺？或他殺？至今查不出來。太戲劇化了。

電影自夜間二十二點開映，歷經漫長的兩個小時後，以Chet年輕時在義大利拍的愛情歌唱電影，一場有情人們終成眷屬的歡樂大結局作為結束。隨即最後一張字卡寫著Chet的死訊。曾經繁花似夢，終歸飄零消逝。

跟著散場的人們走出戲院，已是午夜零點，而這場也是這部電影在此次影展中最後一場次。零點時分的中山北路，還算是熱鬧，但已漸蒙上一層淒清寂寥，我的心情仍然揪緊著。看著深夜的台北街頭，感到既熟悉又陌生。切特·貝克說：一起迷失吧！我卻為這個迷失在地球上的天使、老混蛋感到痛心不已。

My Funny Valentine!

後記

復古宅男的往事追憶

感謝龍貓大王慷慨賜序。我提出請求，他當下就答應。這本書某部分，是我混跡網路論壇PCDVD時寫的文章，距今二十年矣。在該論壇結識、曾歡會劇談，至今仍有聯繫者，有龍貓大王、臥斧、一卡大師阿諾、賽門大師兄、難攻大士諸友，如今已是宅圈、出版、文學、插畫、一方之雄。

當年我們這幾個，在論壇精神領袖BEE大（病情嚴重的大影癡，曾導過徐若瑄主演的電影）感召之下，好像得了精神病，瘋魔地寫影評、觀影報告，自作專題小論文，一篇有成千或上萬字，附圖片，貼在影片討論區供同好賞析，沒有稿費。簡直把PCDVD當作《影響》雜誌在玩。

那時我寫文只求多、奇、爽、快，稱不上細膩，顧不到結構，現在回顧都臉紅。但也是經過那樣的鍛鍊打磨，紮下基礎，後來轉戰「書話」寫作，順手多了。一路塗寫下來，經驗《人間書話》，抵達《禁斷惑星》。

本書部分文章曾刊登於傅瑞德兄及神樂坂雯麗主持的「復古Cafe」網站、盧美杏女士主編之《中國時報》人間副刊版、魔王洪凌主編之《Fa電影欣賞雜誌》、蔡琳森兄主編之國語日報《中學生報》等媒體，感謝提攜。趁此次集結成書的機會，均予大幅增刪改寫。

最感謝木馬文化陳蕙慧社長，二話不說接受此書稿。感謝責任編輯及所有參與同仁，校對編排零散的電子檔，拍照片、繪封面、作裝幀，打造一本實體書。猶如加壓、施熱宇宙氣團，令其凝固，惑星得以成形矣。

《禁斷惑星》主角指揮官由萊斯里．尼爾森（Leslie Nielsen）飾演。拍此片時尚未滿三十歲，俊帥挺拔，肖似美國隊長克里斯．伊凡斯（Chris Evans）。但臺灣觀眾熟悉的，是他三十年後主演的瘋狂喜劇《笑彈龍虎榜》。六十二歲的他在《笑》中裝瘋賣傻，出盡洋相。年輕時顏值擔當，年邁後抖哏搞笑，人設翻轉，天差地遠。反思自省，我似乎正走上同一條路。不論嚴肅或搞笑，都是娛樂他人。這也蠻好的。

禁斷惑星

從肉蒲團、漫畫大王、完全自殺手冊到愛雲芬芝……
禁忌的舊時代娛樂讀本

作　　者 —— 高苦茶

社　　長 —— 陳蕙慧
總 編 輯 —— 戴偉傑
責任編輯 —— 何冠龍
行銷企畫 —— 陳雅雯、汪佳穎
封面設計 —— 兒日設計
攝影協力 —— 莊柏毅
內頁排版 —— 簡單瑛設

讀書共和國出版集團社長 —— 郭重興
發行人兼出版總監 —— 曾大福
出　　版 —— 木馬文化事業股份有限公司
發　　行 —— 遠足文化事業股份有限公司
地　　址 —— 231 新北市新店區民權路 108-4 號 8 樓
電　　話 —— (02)2218-1417
傳　　真 —— (02)8667-1891
客服信箱 —— service@bookrep.com.tw
郵撥帳號 —— 19588272 木馬文化事業股份有限公司
客服專線 —— 0800-221-029
法律顧問 —— 華洋國際專利商標事務所 蘇文生律師

印　　製 —— 呈靖印刷股份有限公司
定　　價 —— 360 元
I S B N —— 978-626-314-221-3 (紙本)
I S B N —— 978-626-314-249-7 (PDF)
I S B N —— 978-626-314-250-3 (EPUB)

初版一刷　2022 年 8 月
Printed in Taiwan

※ 特別聲明：
有關本書中言論，不代表本公司 / 集團之立場與意見，文責由作者自行承擔

國家圖書館出版品預行編目 (CIP) 資料

禁斷惑星 / 高苦茶著 . -- 初版 . -- 新北市 : 木馬文化事業股份有限公司出版 : 遠足文化事業股份有限公司發行 , 2022.08
面；　公分

ISBN 978-626-314-221-3 (平裝)

487.6　　111009330